HISTOIRE NATURELLE DE LA SUISSE

DANS

L'ANCIEN MONDE.

Traduite de l'Allemand de Mr. A. S. GROUNER, membre de l'Académie Impériale des Curieux de la nature, & membre honoraire de la Societé Economique de Berne.

Tantùm ævi longinqua valet mutare vetustas.
VIRG. Æn. III.

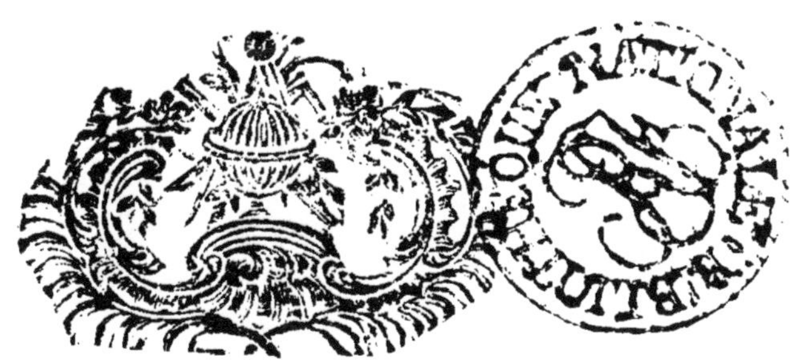

A NEUCHATEL,
Chez J. P. JEANRENAUD & COMP.
Imprimeurs du Roi.

MDCCLXXVI.

AVIS

DU TRADUCTEUR.

LE livre dont je donne ici la traduction, ſe trouve à la tête d'un Ouvrage périodique, entrepris depuis peu, par quelques ſavans de la Suiſſe allemande, & qui doit contenir des piéces détachées, ſur l'hiſtoire naturelle de la Suiſſe. Mr. Grouner, auteur de celle-ci, remontant aux tems les plus reculés, démontre que nôtre pays a été néceſſairement couvert d'un lac ou d'une mer; ce ſavant & judicieux écrivain avoit déja inſinué cette idée dans ſon excellent ouvrage ſur les glacieres de Suiſ-

A 2

ſe, mais ici il la développe, & la met dans un jour qui me paroit de la dernière évidence; j'ai cru rendre ſervice aux amateurs françois, & ſur tout à mes compatriotes qui n'entendent pas la langue allemande, de leur faire connoitre une production qui m'a paru ſi intéreſſante, & ſi propre à mener un jour, aux découvertes les plus importantes. Je m'eſtimerai trop heureux s'ils veulent bien agréer cette légére marque de mon zéle pour eux. Au reſte je dois avertir que l'auteur lui même, qui entend parfaitement la langue françoiſe, a bien voulu revoir mon manuſcrit, & me faire part de ſes remarques dont j'ai profité avec tout l'empreſſement poſſible: ce que j'obſerve d'un coté, pour témoigner publiquement ma reconnoiſſance à Mr. Grouner, & de l'autre pour raſſurer le public ſur la fidélité de ma traduction. Je prie le lecteur de vouloir bien encore jeter un coup d'œil ſur l lettre ſuivante à l'auteur.

LETTRE
DU TRADUCTEUR
A L'AUTEUR.

MONSIEUR,

QUoique je n'euſſe pas l'honneur d'être connu de vous, vous avez bien voulu revoir ma traduction manuſcrite; vous avez] daigné l'examiner, la comparer avec l'original; & c'eſt dans la perſuaſion, qu'il n'y reſte plus, par là même, aucune faute eſſentielle que j'oſe la publier. J'avoue, Monſieur, que je ſuis enchanté de faire part à mes compatriotes (†) *de vos*

(†) Le traducteur eſt du pays de Vaud: la partie françoiſe du canton de Berne.

découvertes, qui ne peuvent que les intéresser. Puissé-je par là leur inspirer le gout de l'histoire naturelle, de celle sur tout, qui regarde nôtre Pays ! Quel meilleur modele pourroient-ils choisir que vous ! je serois faché Monsieur, de blesser vôtre modestie, mais l'amour de la vérité ne me permet pas de taire ce que je pense & ce qui peut contribuer à inspirer une émulation éclairée, à ceux de mes compatriotes qui ont assés de loisir & de moyens pour travailler à perfectionner l'histoire naturelle de la Suisse. Mais il faut comme vous, Monsieur, rapporter à quelques vérités générales & importantes, les détails curieux & intéressans que nous offre le monde physique ; sans cela l'étude de l'histoire naturelle, n'est que minutieuse, & éclaire peu l'esprit. Oui Monsieur, par vôtre excellent ouvrage sur les glacieres de Suisse, publié il y a environ quatorze ans, vous nous avés fait connoitre un grand nombre de vérités physiques, vous laissates déja alors entrevoir celle que vous mettés dans un plus grand jour dans la brochure dont je donne la traduction. Vous nous élevés l'esprit, vous nous prouvés clairement l'existence d'un ancien monde, bien différent de celui-ci, du moins par rapport à nôtre pays; vous nous faites connoitre un changement étonnant par lequel la Suisse autrefois couverte d'un lac ou d'une mer est devenue terre ferme. Que nous apprend cette métamorphose étrange? ne nous dit-elle pas manifestement, qu'il faut que quelque Etre supérieur ait agi pour produire un pareil effet? On n'en sauroit douter puis qu'entre toutes les causes possibles que vous indiqués de cet événement aucune ne paroit plus vraisemblable que la suspension, ou l'accélération, du moins pour quelque tems, du mouvement de l'axe de la terre, ce qui ne peut être l'ouvrage que d'une main toute puissante qui, pèſe les montagnes au crochet & les coteaux à la balance ; *& je n'en veux pas davantage, pour le coup, pour relever le prix de votre ouvrage. Je ne parle pas des fruits que la phyſique en retirera pour perfectionner la théorie générale de la terre, & nous faire connoitre beaucoup de vérités de détail, je laiſſe cela aux maitres de l'art.*

Continués, Monſieur, à éclairer nôtre Suiſſe, à lever ce voile épais qui la couvre encore; vous en ferés un monde nouveau en connoiſſances, qui ſemblable au monde phyſique qui a ſuccédé à l'ancien, & qui aujourd'hui ne renferme de toutes parts que des montagnes fertiles, des prairies riantes, des fleuves & des rivieres qui l'arroſent délicieuſement, ne ſera nourri que de vérités auſſi agréables qu'utiles. J'ai l'honneur d'être

MONSIEUR,

Votre très humble & très obéiſſant ſerviteur
Dulon Miniſtre.

Vevey ce 3 Fevrier 1776.

HISTOIRE NATURELLE DE LA SUISSE DANS L'ANCIEN MONDE.

J'ENTREPRENS d'écrire l'hiſtoire naturelle de la Suiſſe dans l'ancien monde, & cela, dans un tems où elle eſt comme enſevelie ſous les ruines de l'antiquité, & plongée dans un éternel oubli. Je me propoſe d'éxaminer comment nôtre pays ſortant des débris d'un ancien monde, eſt devenu ce qu'il eſt; enrichi de tous les biens de la nature. Qu'elle entrepriſe hardie que la mienne! vû qu'aucun hiſtorien ne nous a laiſſé la plus légére trace d'un pareil événement. Mais la nature elle même, eſt ſouvent nôtre meilleur maître; les reſtes que le tems, qui d'ailleurs dévore tout, a laissés, & les monumens qu'il a épargnés, & qui parlent encore à nos yeux, nous instruisent souvent mieux, & sont plus dignes de foi, que tout ce que les historiens pourroient nous dire, & que les plus belles hypotheses des philosophes.

Que de choses singulieres, en effet, les savans n'ont-ils pas écrites, seulement dans ce siecle, sur les changemens que nôtre Globe a soufferts! & ne pouvons nous pas dire, avec beaucoup plus de raison que Ciceron ne le disoit de son tems, *qu'il n'y a rien de si absurde qui n'ait été avancé par quelqu'un des philosophes*; *nihil tam absurdum dici potest quod non dictum sit, ab aliquo philosophorum*; n'en soyons point étonnés, quiconque se fait d'avance un systême, n'épargne rien pour le soutenir, ou, du moins, pour le rendre vraisemblable à quelque prix que ce soit, sans s'embarrasser de suivre une route plus sûre, qui seroit, de chercher la vérité, avec une entière impartialité, mais qui ne conviendroit pas à des opinions dictées par le préjugé, par un esprit de parti, ou reçues sans examen. Le meilleur génie ne voit même souvent que ce qu'il souhaite, ou que ce qu'il s'est proposé de voir, ensorte que rien n'est plus vrai que ce qu'à dit un excellent auteur : que la source la plus sûre & la plus ordinaire de nos erreurs, est la partialité qui regne dans nos recherches. Ceux-là seulement peuvent se flatter d'approcher de la vérité, qui étudient le grand ouvrage de la nature, sans prévention & sans se faire auparavant des systêmes dont l'effet naturel est de les borner dans leurs recherches, & qui, après avoir tiré de leurs observations, tout ce qu'elles peuvent leur fournir, & les avoir ensuite comparé les unes avec les autres, considerent le tout dans son vrai point de vue. Mais malgré toutes ces précautions, avec quelle facilité ne peut-on pas encore se tromper? nous ne le savons que trop, nos yeux n'apperçoivent que quelques traits épars & semés ça & là de la vérité, & le *tout* nous reste caché; & encore sur ces traits épars les uns raisonnent d'une maniere,

& les autres d'une autre, selon les vues particulieres, & le degré de pénétration de chacun.

Si nous examinons toutes les opinions singulières & différentes des savans modernes, qui nous ont donné leur théorie sur la terre, en ne la fondant que sur ces parcelles de vérité répandues ça & là, leurs hypotheses nous paroitront bien humiliantes pour nôtre siecle, puisque malgré toutes les lumières qu'on y a acquises & les efforts de tant de savans qui se sont cassé la tête pour expliquer tous les phénoménes que nous rencontrons sur la surface de nôtre Globe, il faut toujours en revenir aux anciens, & leur céder une gloire qu'on avoit tant envie de leur disputer.

Tout le monde convient d'une chose qui est incontestable, c'est que, la surface de nôtre Globe, bouleversée comme nous la voyons aprésent, l'a été dans l'eau ou par l'eau. La direction singulière des hautes montagnes & des vallées profondes; le cours des fleuves & des rivieres qui serpentent toujours sur la surface la plus basse des vallées ; les pentes des montagnes & des rochers, qui se repondent toujours si bien dans leurs positions respectives ; la parfaite ressemblance des matières qui les composent ; leurs angles toujours correspondants, leurs cotés pour la plupart lavés, & qui ne présentent qu'un roc nud ; les productions marines qui y sont souvent renfermées ; la position horizontale de la plupart des couches des montagnes & des vallées: tout cela nous prouve inconstestablement cette grande & importante vérité.

Mais de qu'elle maniere l'eau a-t-elle opéré cet effet ? C'est précisement ce qui occupe depuis longtems les savans & les tient en suspens, de maniere qu'on peut dire que la question est plutôt embrouillée que jugée. Dans le dessein de chercher la vérité, mais en suivant une meilleure méthode, nous jeterons cependant un léger coup d'œil sur les principales hypotheses avancées jusques ici, & nous ferons voir qu'il n'y en a aucune qui puisse nous donner une explication générale & solide des changemens arrivés à nôtre Globe, & encore moins de ceux qui regardent nôtre pays.

Mr. Maillet, dans son *Teliamed*, & Mr. de Buffon, dans son *histoire naturelle*, ont taché de faire voir que c'est la mer qui est la cause de tous ces changemens, en se retirant insensiblement, & en laissant la terre à sec, après l'avoir inondée; mais c'est ce que l'évêque Brovallius, dans *sa recherche sur la diminution des eaux & l'accroissement de la terre*, a refuté par de solides argumens. Selon MM. Maillet, & de Buffon, la mer doit se retirer de trois pieds dans un siecle, & selon Celsius de deux aunes & un quart dans le même tems; pour établir cela, on allegue diverses preuves: on dit qu'en Laponie, il y a des villes qui autrefois étoient des ports de mer, & qui aujourd'hui sont éloignées de la mer, de trois ou quatre mille pas. En Suede, Upsal, par exemple, qui autrefois étoit baignée par la mer, en est aujourd'hui à quelques milles; à Helsinbourg, de souvenir d'homme, la mer s'est retirée de 70 à 80 pas. Dans l'Uplande on a trouvé, à la distance de quarante aunes du bord de la mer, des ancres & d'autres agrès de vaiſſeau, comme Schwedenbourg le rapporte; mais Celſius & Linneus vont plus loin; ils diſent qu'on voit aujourd'hui dans la Gothie, ſortir de la mer des rochers eſcarpés qu'on n'appercevoit point autrefois; la mer ſe retire chaque année de deux à trois pieds. Donati & Plancus diſent la même choſe de la Méditerranée; à Rimini, l'eau qui baignoit autrefois les murs de cette ville en eſt aujourd'hui à 1750 pieds; Ravenne qui autrefois étoit un port de mer, en eſt apréſent à 300 pas, & ainſi de pluſieurs autres lieux. Mr. l'évêque Brovallius, combat tout cela victorieuſement; & Plancus lui même convient enfin qu'aujourd'hui on ne voit plus rien de pareil, bien loin de là, qu'on remarque plutôt le contraire. En accordant quelque choſe de ſemblable à l'égard des endroits qui ne ſont pas éloignés de la mer, il s'en faut bien qu'on en puiſſe tirer une preuve pour tout le Globe, & encore moins pour nôtre Suiſſe, qui de tems immémorial eſt trop éloignée de la mer pour que nous puiſſions attribuer les dépouilles marines que nous y trouvons, à la retraite inſenſible des eaux de l'Océan. Il n'y a pas à cela la plus petite apparence, du moins il faudroit ſuppoſer la Suiſſe une infinité de fois plus ancienne que le reſte du Globe.

Quant à M[r]. Monro, dans ſes *recherches ſur les changemens ſurvenus à nôtre Globe*, il prétend que la violence d'un feu central, ou quelque tremblement de terre, a fait ſortir du ſein de la mer de nouvelles montagnes, & de nouvelles iſles qui ont entrainé avec elles les depouilles de la mer dont elles étoient chargées ; & il fonde ſon ſentiment ſur quelques exemples, comme celui du mont Cinère, près de Pouzzole dans le royaume de Naples, qui parut en 1538, & celui de cette iſle qui s'éleva dans la mer de Grece, en 1707.

Mais d'un côté, il eſt certain que ces nouvelles élévations n'étoient que des monceaux de pierres, entaſſées ſans ordre, & parmi leſquels il ne ſe trouvoit aucune production marine ; & de l'autre, il eſt certain que ce ſeroit tirer une concluſion trop étendue, que de prétendre en conſéquence de quelques événemens pareils, que tous les changemens arrivés à nôtre Globe, ont la même cauſe, ſurtout à l'égard de la Suiſſe, qui de tems immémorial eſt ſi éloignée de la mer.

Selon Mr. le profeſſeur Holman, dans ſon traité ſur *l'origine des lacs, & des corps étrangers qui ſe trouvent en terre ferme*, il y a par tout des cavités ſouterraines, qui ſouvent s'entr'ouvrent, & engloutiſſent des portions conſidérables de terre, & là où cela arrive, la mer ſe jette & remplit ces cavités, de maniere que l'eau abandonne peu à peu ſon ancien fonds, plus élevé que celui dont elle s'empare, & c'eſt ainſi dit-il que s'eſt fait inſenſiblement un parfait échange de la mer de l'ancien monde avec la terre ferme.

Il eſt poſſible que par-ci par-là, la terre & l'eau aient pris la place l'un de l'autre; mais les exemples en ſont ſi rares, qu'à mon avis il ſeroit téméraire d'attribuer à de pareils accidens tous les grands changemens arrivés à nôtre Globe, & qui ont embraſſé des diſtricts conſiderables.

Nôtre Suiſſe peut bien avoir été autrefois couverte par un lac; mais ſe trouve-t-il dans le voiſinage quelque trace d'un enfoncement de terre aſſés conſidérable pour contenir un lac auſſi grand que toute la Suiſſe, & où il ſe ſoit enſuite verſé? Lorſque la terre s'enfonce de cette manière, cela vient de quelque gouffre d'eau, qui ſe trouve immédiatement deſſous ou de quelque cavité ſans eau, & placée de la même manière; dans le premier cas, la place de la terre enfoncée eſt occupée par l'eau qui étoit au deſſous, & non par aucune autre eau latérale, ou qui vienne d'ailleurs: l'enfoncement de la ville de Pleurs, dans les Griſons, nous le prouve en petit. Dans le ſecond cas, la terre enfoncée ne laiſſe qu'un vuide plus ou moins profond; c'eſt de cette eſpece qu'eſt l'enfoncement arrivé près de la riviere de Sil, dans le canton de Zug, où la terre s'eſt affaiſſée dans un grand circuit, à 80 pieds de profondeur.

Deux tremblemens de terre généraux, & un déluge univerſel, auxquels Mr. le Profeſſeur Kruger, dans ſon *hiſtoire de la terre, dans les tems les plus reculés* attribue l'état préſent de la ſurface de notre Globe, ne ſauroient non plus en être regardés comme la cauſe ſuffiſante & générale, d'autant plus que ce ſavant ne ſait pas ſi c'eſt au déluge de Moyſe, ou à quelque autre fort ancien qu'il faut rapporter cet effet.

On ne ſauroit douter que des tremblemens de terre n'aient ébranlé les fondemens de nôtre Globe, ſurtout dans deux occaſions différentes, ſelon nôtre hiſtoire ſainte. Notre terre a auſſi eſſuyé un déluge univerſel, & je ne vois pas pourquoi, dès que nous ſommes aſſurés qu'il y en a eu un pareil du tems de Noé, on voudroit en ſuppoſer encore un autre; ces événemens, ſans contredit, n'ont pu que cauſer beaucoup de changement ſur la face de nôtre Globe; mais comme nous ne devons pas nous en tenir ici à de pures conjectures, & que cette hypotheſe n'eſt autre choſe qu'un ſyſtême tronqué, qui change le certain pour l'incertain, nous ne saurions nous en contenter; la ſuite en fera voir les raiſons.

Au premier coup d'œil, il eſt certain que le déluge de Moyſe paroit ſuffiſant pour expliquer l'état préſent de la ſurface de nôtre Globe, vû qu'il a été général, & qu'ayant couvert toute la terre, il en a rompu les couches ſupérieures, & en a amené d'autres à leur place, en a fait des petites montagnes & des petites vallées, & a répandu par tout des productions marines, ſuites néceſſaires d'un pareil événement; & peut-être que c'eſt là la ſeule cauſe, ſurtout dans les pays plats, du bouleverſement que nous voyons à la ſurface; ce qui peut auſſi avoir eu lieu dans nôtre Suiſſe; de là vient que ce ſentiment, déja adopté par Columna, par Alexender ab Alexendro, par Corringius, par Stenon, par Luther, & par d'autres, a trouvé de ſi célébres défenſeurs dans un Woodvard, & dans un Scheuchtzer; néanmons il n'eſt pas ſoutenable. Le grand Leibnitz, Valliſnieri, Schwedenbourg, & Reaumur lui-même, comprirent bientôt qu'il n'étoit pas en aucune façon poſſible; qu'un déluge fut la cauſe générale des changemens arrivés à nôtre Globe, & de toutes les dépouilles marines que nous y voyons en ſi grande quantité, & entaſſées les unes ſur les autres. Il ſeroit trop long de rapporter ici toutes leurs raiſons, nous alleguerons les nôtres en leur lieu; il n'y a peut-être ſur la terre aucun pays qui fourniſſe plus que le nôtre, des preuves auſſi convaincantes contre ce ſyſtême. Il eſt certain que ce pays, depuis même la création, eſt environné de rochers ſi élevés & ſi ſolides, qu'un déluge général n'a pu y faire, nulle part, que de bien petits changemens ou bouleverſemens; & cependant nous ne trouvons point ailleurs, une auſſi grande quantité de pétrifications marines. Il n'eſt pas beſoin d'en dire ici davantage; dans la ſuite je prouverai d'une maniere inconteſtable, que cet effet a eu une autre cauſe principale.

Entre le grand nombre de ſyſtêmes imaginés ſur une queſtion auſſi importante de l'hiſtoire naturelle, & dont quelques uns ſont fort ingénieux, il faut placer celui-ci, déja propoſé par d'anciens philoſophes, mais entiérement tombé dans l'oubli. Herodote, un des plus anciens hiſtoriens, & *S*trabon, nous aſſurent que de grands philoſophes de leur tems, comme

Xenophanes, Straton, Eraſthoſtenes, Kanthius, & pluſieurs autres étoient dans l'idée que la mer avoit autrefois couvert les lieux où nous trouvons apréſent à ſec des productions marines, & des marques de quelque bouleverſement. Ovide nous aſſure auſſi que ce ſentiment étoit celui de ſon tems, ce qui eſt confirmé par Ciceron.

Whiſton & Kruger trouvent ce ſentiment trop ſimple; il leur ſemble que la nature ne ſe contente pas des moyens que nous jugeons les plus aiſés, & par conſéquent qu'on ne doit jamais adopter un ſyſtême qui rend le plan du créateur ſi facile à comprendre. Ce ſeroit la même choſe, diſent-ils, que ſi on conſultoit des enfans pour ſavoir les raiſons qui ont déterminé un grand architecte à ſuivre un certain plan, dans la conſtruction d'un édifice; beau raiſonnement en vérité! nous voulons couvrir notre témérité de la ſageſſe du créateur, & néanmoins ſonder hardiment ſes plus grands ſecrets. Il ſeroit plus raiſonnable de penſer que le grand auteur de la nature ne conduit pas ce monde d'une manière ſi compliquée, au contraire, qu'il ſe ſert des moyens les plus ſimples, tels que ſont ceux que preſcrivent les loix invariables de la nature.

Examinons donc apréſent, autant du moins que cela regarde la Suiſſe, ſi nous ne devons pas en effet céder aux anciens la gloire d'avoir découvert la vérité; & ſi toutes les choſes étonnantes que nous voyons ſur la ſurface & dans l'interieur de la terre, ne ſont pas autant de preuves inconteſtables qu'autrefois nôtre pays a ſervi de fonds à la mer, ou qu'il a été un grand lac.

§ 2.

Jettons d'abord un coup d'œil ſur *l'enſemble*: qu'elle ne ſeroit pas nôtre ſurpriſe, ſi du ſommet inacceſſible du St. Gothard, qui eſt le point le plus élevé de nôtre pays, & même de toute l'Europe, nous pouvions contempler tout à la fois la Suiſſe entiere? quiconque a la moindre connoiſſance de la Suiſſe, ou qui l'examinera ſur la carte de Scheuchtzer, verra manifeſtement, qu'en y comprenant les lacs de Geneve & de Conſtance, elle forme un grand bassin, environné par tout d'une chaine prodigieuse de montagnes, qui rentrant souvent les unes dans les autres, forment deux, trois, quatre rangs, & ferment entièrement ce pays, comme par un mur épais, à l'exception de six endroits, par où six fleuves ou rivieres s'écoulent entre des rochers qui leur laissent pour cela un étroit passage.

Ne nous lassons point, & parcourons les remparts de la Suisse, en commençant par l'ouverture occidentale. A quatre lieues au dessous de Geneve, entre le fort de l'Ecluse & le mont Credo, les montagnes, avec leurs rochers escarpés, se rapprochent si fort, que le Rhône a peine à passer par une ouverture qui n'a environ que trois toises de largeur. On a jusques ici regardé comme une chose étonnante, que ce fleuve si considérable se perdit sous terre pendant environ un quart de lieue, comme quelques écrivains l'ont avancé. Mais après un examen plus exact, on a trouvé, que ce cours souterrain, est à peine de 20 pas dans sa longueur, & que ce n'est après tout qu'un canal formé par les

les rochers tombés des deux cotés, & qui joints enſemble, ont formé une eſpéce de voute imparfaite; ce qui prouve indubitablement, que c'eſt la nature elle même, qui par le moyen de quelque accident, & des rochers qui environnent cet endroit, a ouvert ce paſſage au Rhone; c'eſt le *premier* que nous rencontrons dans nôtre voyage, autour de nôtre baſſin.

Au midi de ce paſſage, commence une autre chaine étonnante de montagnes, qui comprend dans ſon étendue, les montagnes ſuivantes: la Buache, Sion, Saleve, le Pui de Dôme, l'Aiguille du Drû, le mont Blanc, ou la montagne maudite, Montanvers, & la Dent du midi; qui ſont preſque toutes couvertes d'une neige éternelle, & qui, dans leur contour, en tirant vers l'orient, puis qu'elles bornent la Savoye, & le Chablais, du coté de la Suiſſe, renferment une vallée de glace de ſix lieues d'étendue. De la Dent du midi, une autre chaine de montagnes prend ſon cours, en continuant directement vers l'orient, & renferme encore les montagnes ſuivantes: le St. Bernard, la Coupeline, Feneſtra, Neinda, le Wyſtzehenhorn, le Mattenhorn ou l'Augſtlerberg, le Findelenhorn, le Sevilhorn, le Mora, le Simplon, le Schonhorn, le Krieghorn, l'Albera, & le Griesberg, qui, toutes enſemble forment les *Alpes Grecques*, dont les ſommets, & les eſpaces entre deux, ſont conſtamment couverts de glace; elles ſéparent auſſi le Vallais de la Savoie & du Milanois. L'Albrun & le mont de la Fourche, lié avec lui, & le Latiter, prennent de là, une nouvelle direction, & forment une autre chaine de montagnes, qui va du coté du midi & qui, en ſe courbant comme un arc vers l'orient, atteint juſqu'au lac de Locarno. Là, des deux cotés du lac, s'élevent des montagnes, qui, en s'ouvrant, donnent cours au Teſin, qui ſe rend dans ce lac, par un paſſage fort étroit; c'eſt la *ſeconde* ouverture de notre baſſin de la Suiſſe.

A la tête orientale du lac de Locarno, paroit une nouvelle chaine de montagnes qui s'étend juſqu'au lac de Lugano, & renferme au nord les bailliages communs des Suiſſes; Mendriſio, Lugano, & Locarno. Au coté oriental du même lac de Locarno, eſt une autre chaine qui parcourt le bord du lac en allant au nord, & ſe termine au mont Cernero, vers Bellinzone; elle ſépare de la Suiſſe le bailliage de Lugano, qui, par là, n'y eſt pas compris. Mais veut-on qu'il y ſoit renfermé; il n'y a qu'à ſuivre, du milieu du lac de Lugano, un autre rang de montagnes qui s'étend vers le midi, revient en ſe courbant à l'orient du coté de Côme, & comprend ce balliage, juſqu'au lac de Côme. Plus loin, à l'extremité orientale du lac de Lugano, ſe préſente une autre chaine beaucoup plus conſidérable, qui ſe dirige vers le nord du coté des Griſons, comprend encore le bailliage de Mendriſio, & ſépare comme par un rempart toute la Suiſſe de l'Italie. Que l'on compte, ou que l'on ne compte pas les balliages d'Italie, dans la Suiſſe à qui ils appartiennent, la Suiſſe ne ſera pas moins ſéparée de l'Italie, & parfaitement enceinte par une foule de montagnes placées les unes derriere les autres. Aux frontieres du Comté de Chiavenne, dans les Griſons, & à l'extrémité ſeptentrionale du lac de Côme, appellé auſſi le lac de Chiavenne, coule, entre les parois des montagnes, la riviere Maira, qui entre dans ce lac, & forme auſſi là, la *troiſieme* ouverture des montagnes de la Suiſſe.

Au coté oriental du lac de Côme, ou, entre la tête & le corps, vers le fort de Fuentes, l'Adda, grande riviere qui vient de la Valteline, précipite ſon cours dans le lac, & forme entre les montagnes, entre leſquelles il coule dans une grande profondeur, & en faiſant beaucoup de fracas, la *quatrieme* ouverture entre les montagnes, qui ſervent de bornes à nôtre pays.

Là, commence une grande montagne, qui avec celles de Morbegna, va à l'orient, ſe courbe bientôt un peu vers le nord, & court avec la montagne de Mortirole, en ſe tournant toujours plus vers le nord, & enferme les contés de la Valteline & de Vorns, comme avec une ceinture, en même tems qu'elle ſépare de l'Italie ces provinces des Griſons. Vers Finſtermuntz, cette énorme chaine de montagnes eſt coupée par un paſſage fort étroit, qui forme une *cinquieme* ouverture, à travers laquelle, l'Inn, qui eſt la premiere ſource du Danube, a peine à paſſer; ce qui prouve évidemment que cette ouverture a été faite par quelque effort conſidérable.

Du nord de cet étroit paſſage, les Alpes Rhétiques étendent un autre grand bras, ou plutôt un groupe entier de montagnes, vers l'occident, juſqu'au comté de Sargans, & renferment le Prettigow dans les Griſons, en même tems qu'elles le ſéparent de la vallée de Montafune, & du comté de Sonneberg. Là, où cette chaine finit, vers les frontieres de Sargans, le Tourgow Werdenberg & Appenzell, s'éleve un nouveau groupe de hautes Alpes, qui ſéparent le canton d'Appenzell du Rhinthal, & ſe terminent à Reineck, ſur le lac de Conſtance, de là, ſur le bord oriental de ce lac, un groupe conſidérable de rochers s'étend en partie à l'orient & en partie au nord, par delà ce lac, juſques à la forêt noire, fait un angle dans la Souabe, & enſuite, formant une chaine de montagnes non interrompues, va depuis Schaffouſe juſqu'à Bâle, juſqu'aux frontieres de l'Alſace. Ici, ces hautes montagnes qui environnent la Suiſſe, ſe perdent en de plus baſſes, qui ne ſont pas ſi étroitement liées entr'elles, & laiſſent au Rhin un cours libre & tranquille; c'est aussi ici la *sixieme* & la derniere, mais aussi la plus grande ouverture, sans comparaison, de nôtre bassin.

Pas bien loin de Lauffenbourg, dans la jurisdiction autrichienne des villes forestieres, vers les limites du canton de Berne & de Bâle, se forme une nouvelle chaine de montagnes, qui s'étend, avec le Schafmat, jusqu'à Hauenstein; non que cette chaine fasse proprement un tout parfait, mais elle est composée de diverses montagnes, placées les unes derriere les autres, & qui ne laissent appercevoir au bas aucune ouverture: vis-à-vis de cette chaine, à Liestall, dans le canton de Bâle, on voit commencer un second rang de montagnes, qui d'abord sont petites, mais qui ensuite, devenues plus grandes, forment comme une seconde chaine, jusqu'à Hauestein, sous le nom de mont Jura, ou en allemand, le Leberberg, continuent leur direction, en se tournant un peu vers Wallenbourg au couchant, renferment dans divers bras, le canton de Soleure, l'évêche de Bâle, le pays de Bienne; de là, se tournant encore vers l'occident,

& toujours ſous le nom de Jura, ſéparent le comté de Neûchâtel de la Bourgogne, & enſuite, dans une longue & énorme chaine de rochers, particuliérement depuis Ferrières, aboutiſſent à la première ouverture dont nous avons parlé, au fort de l'Ecluſe, où elles finiſſent; & ſéparent le pays de Vaud de la Bourgogne.

De cette maniere, nôtre Suiſſe forme un pays fort ſingulier, auquel la nature a donné pour bornes, des montagnes eſcarpées, & la plupart inacceſſibles, qui le ſéparent bien ſenſiblement des autres pays qui l'environnent. Que nous apprend une poſition auſſi ſingulière? ne nous dit-elle pas, d'une maniere bien vraiſemblable, que ce grand baſſin, fermé, comme il eſt, de toutes parts, a été deſtiné à contenir un lac, & qu'en effet, il en a renfermé un; mais que, dans un certain tems, ce lac doit avoir rompu ſes limites, dans les ſix ouvertures que nous avons indiquées, & par leſquelles, les fleuves & les rivieres ont trouvé une iſſue pour porter leurs eaux juſques dans la mer, & par là, ont déſſéché nôtre pays, qui deviendroit encore un lac, si les ouvertures en question se bouchoient. En effet, toutes les eaux qui descendent chaque jour de nos montagnes, & qui forment le Rhône, qui va dans la Méditerranée, le Rhin qui descend dans l'Ocean, l'Inn qui se décharge dans la mer Noire, le Tessin, l'Adda & la Meyra, qui vont dans la mer Adriatique, toutes ces eaux, dis-je, se rassembleroient de nouveau dans ce bassin, d'où elles sortent aprésent, & y formeroient un nouveau lac.

Examinons aprésent, ce qui se passe dans le sein de la mer; qu'y voyons nous? comme sur la terre, des courans d'eau, des vallées & des profondeurs, dont les cotés forment autant de montagnes, ce qui donne d'autant plus de vraisemblance à nôtre opinion, par laquelle, nous supposons que la Suisse a été autrefois un lac, puisque c'est de la même manière qu'elle est composée de vallées & de montagnes qui la bordent. Nos fleuves, & nos rivieres, & cette infinité de petits ruisseaux qui s'y déchargent, & qui, dans leur cours, forment, chacun leur vallon, peuvent, dans le tems que nôtre pays étoit un lac ou une petite mer, avoir été autant de courans, dans le fond de cette mer : vû qu'ils n'avoient encore alors aucune issue, & que leurs eaux remplissoient constamment cet espace, ou ce vuide.

Comme le St. Gothard, avec les dépendances, est en particulier le grand reservoir qui fournit les eaux à l'Europe, & en même tems, le point le plus élevé de nôtre pays, je n'ai aucun lieu de douter, qu'un grand lac ne l'ait autrefois couvert, tout comme le reste de la Suisse; & de même que les eaux qui en découlent aujourd'hui, par la fonte des neiges & des glaces, sont la source de nos fleuves & de nos rivieres, il faut nécessairement que dans l'ancien tems dont nous parlons, il y ait-eu au fond de ce lac des courans, dont les eaux, mises en mouvement, l'auront nourri & entretenu, d'où il suit encore, que ces courans, ayant eu leurs cours entre des montagnes, & ayant creusé de profondes vallées, auront mis la surface de nôtre pays dans l'état où nous la voyons aprésent.

Aussi longtems que ce grand bassin ainsi environné de hauts remparts, n'a eu aucune ouverture assés basse, il a fallu nécessairement que le lac qu'il renfermoit, entretenu par l'abondance des eaux qui s'y rendoient continuellement, subsistat toujours. Je ne déciderai pas apréſent, si par le haut il n'y avoit pas quelque écoulement, par des ouvertures, entre des montagnes qui ne se touchoient que par le milieu, & non dans le haut, ou si les eaux n'avoient point d'issue dans la mer par quelque conduit souterrain, ou si enfin, l'évaporation étoit assés forte, pour contrebalancer l'accroissement journalier des eaux.

§ 3

Ce que nous voyons en petit, lorsque, pendant un certain tems, l'eau ayant séjourné dans un endroit, elle vient tout à coup à s'écouler, nous pouvons, à plus forte raison, le concevoir en grand, lorsqu'on supposeroit qu'un lac, après avoir couvert, pendant fort longtems, une certaine étendue de pays, viendroit aussi à s'écouler tout d'un coup. L'eau ne devra telle pas s'arrêter ici & là, dans les profondeurs qui seront environnées de couches de terres plus élevées, & qui reposeront surtout sur un fonds de rochers ? oui, sans doute ; dans les petites profondeurs on verra des étangs & des marais, & dans les grandes, des lacs entiers. Qu'on se représente donc ce qui a dû naturellement arriver, lorsque les eaux qui couvroient nôtre pays, trouvant une issue, s'en sont retirées tout à coup, ou insensiblement ; c'est précisément ce qui a eu lieu à l'egard de la surface de nôtre pays, & que nous y voyons.

Dans quel pays voit-on, comme dans le nôtre, à proportion de son étendue, non seulement autant de fleuves & de rivieres, mais encore, autant de lacs ? Qui l'imagineroit que, dans la Suisse, on compte plus de 139 lacs, dont deux, en y comprenant tout celui de Constance, ont plus de 16 lieues de longueur, deux autres, plus de 10 lieues, quelques-uns plus de 4, plusieurs une lieue, & les autres, quelque chose de moins ; & combien n'y en a-t-il pas dont nous voyons encore les vestiges, mais que l'on a desséchés, ou que l'on a fait écouler ? Combien de grands marais ne trouvons nous pas encore dans nôtre pays, sans compter le grand nombre, que nous savons que l'on a aussi desséchés, pour en tirer un meilleur parti? A cet égard, quel pays pouvons nous comparer au nôtre, si ce n'est la plupart des Provinces-Unies, que nous savons certainement avoir été gagnées sur la mer, qui en est très voisine, au lieu que nôtre Suisse en est très éloignée.

On objectera, peut-être, que comme les glaces éternelles qui couvrent nos montagnes peuvent toujours fournir à la Suisse une grande abondance de fleuves & de rivieres, il n'en a pas fallu davantage pour former tous ces lacs, sans recourir à l'existence antérieure d'une espèce de mer, dont ils ne soient que les restes. A la vérité, cela n'est pas impossible, mais il n'est pas vraisemblable; car d'un coté, nos lacs ne reçoivent pas toutes leurs eaux des montagnes de glace, mais il leur en vient aussi d'ailleurs; d'un autre coté, il n'est gueres possible de comprendre, que, par leur cours ordinaire, nos rivieres aient pu creuser les lits de ces lacs; il falloit pour cela quelque chose de plus. La nature est bien simple, dans la maniere de les former. Là, où une riviere trouve une profondeur toute environnée d'un terrain élevé, l'eau de cette riviere s'y étend, forme une grande ſurface, & y établit un lac; mais d'où viennent ces profondeurs? Il faut néceſſairement qu'elles aient été creuſées dans un tems où le fonds étoit encore tendre, & pouvoit être pénétré par une riviere; & par là même, ſelon toute apparence, dans un tems où toute la terre étoit couverte d'eau, ou immédiatement après que cette eau s'étoit retirée: la ſuite confirmera ce que nous venons de dire, nous n'avons avancé ici ces réflexions que pour nous préparer à des preuves plus évidentes.

§ 4

De quel étonnement ne ſeroit pas ſaiſi un étranger qui, tout à coup, ſans s'en appercevoir, ſeroit tranſporté ſur la plus haute montagne de nôtre pays; quelle ne ſeroit pas, en même tems, ſon admiration en contemplant tout ce que l'enchainement de nos montagnes offre de grand & de terrible? Là, s'élevent juſqu'aux nues, des montagnes souvent inaccessibles, qui ne présentent que des rochers, dont la plupart sont entierement nuds, & n'offrent entr'elles que des profondeurs effrayantes, des vallées traversées par des fleuves & des rivieres. Tel est l'aspect, à peu près, de toute la partie méridionale de la Suisse; à prendre cette partie depuis le lac de Geneve à celui de Constance, en tirant, de l'un de ces lacs à l'autre, une ligne droite qui partage la Suisse en deux. Le pays de Vallais est un grand vallon, fort profond, qui s'étend de l'orient à l'occident, & qui est environné de hautes montagnes escarpées. Le canton d'Ury est aussi une grande vallée, à laquelle, plusieurs autres petites, qui la croisent, viennent aboutir, & qui va du sud au nord, environnée aussi de montagnes fort élevées. Tout le pays des Grisons n'est qu'un amas d'un grand nombre de vallées qui ont differentes directions, & qui sont aussi fermées par de grandes montagnes. Le canton de Glaris est composé de deux vallées parallèles, qui vont du midi au nord, & qui sont entourées de montagnes fort hautes, mais dont la plupart ſont fertiles. Les cantons de Schweitz, d'Underwalden, d'Appenzell, & le comté de Toggenbourg, ſont tous des pays de montagnes & de vallées conſidérables. Le Vallais dont nous avons déja parlé, que n'offre-t-il pas de ſurprenant? C'eſt une vallée profonde, longue d'environ 32 lieues, environnée de rochers dont les ſommets ſont conſtamment couverts de neige, & offrent un aſpect effrayant ; elle eſt preſque entierement fermée de tous cotés, ſi ce n'eſt là où le Rhone coule à travers une ouverture profonde & étroite entre des rochers. Le bas de la vallée eſt ſi ſerré, qu'à peine ce fleuve peut y paſſer. Sur les bords du Rhone, à droite & à gauche, au midi & au nord, on voit ſe former pluſieurs autres vallées plus petites & plus étroites, qui atteignent des deux cotés aux deux chaines des Alpes, s'y perdent inſenſiblement, & envoyent chacune de là, au Rhone, une grande quantité d'eau qui ſe raſſemble dans le bas. Le Vallais eſt donc un baſſin en petit, comme la Suiſſe en eſt un, en grand.

Examinons encore de plus près cet

ouvrage étonnant de la nature ! Les montagnes qui ornent notre pays, & qui, en même tems, lui ſervent de remparts, ont, ſans contredit, une origine bien différente. Les maſſes de hauts rochers, qui paroiſſent jettés comme dans un ſeul moule, exiſtent ſans doute depuis la création, ſoit qu'elles aient été formées ſelon les ſeules loix de la méçanique, ou de l'hydroſtatique, par le dépot des matieres terreſtres, & l'écoulement des eaux, qui ont paſſé à travers ; ou ſelon les regles d'une exacte géometrie, par la preſſion qu'à ſouffert la terre, quand elle a commencé à tourner ſur ſon axe, & qu'elle s'eſt ſerrée. Les autres montagnes, c'eſt à dire, les plus petites, ſe ſont formées d'abord après que tout le Globe l'a été ; un œil attentif diſtingue aiſément & néceſſairement ces deux eſpeces de montagnes ; les premieres appellées en allemand *Ganggebirge*, ſont beaucoup plus hautes & plus groſſes ; elles ne ſont pas intérieurement compoſées, d'un auſſi grand nombre de pierres différentes. Leurs couches ſont plus épaiſſes & plus compactes, mais rarement ſont elles horizontales. Leur ſommet eſt ordinairement pyramidal & nud. C'eſt dans leur ſein que logent les métaux précieux, que l'on n'y trouve jamais que par veines ou par morceaux détachés, qui ſe ſont briſés en tombant dans des fentes, occaſionnées par une chaleur ou une ſechereſſe exceſſive. Les montagnes qui viennent enſuite, & qui ſont du ſecond ordre, ſont celles qu'on appelle en allemand *Flotzgebirge*; celles-ci ſont beaucoup moins hautes, & moins groſſes, pour la plupart, elles ſont compoſées de terre, & d'une matiere moins dure; leur ſommet eſt ordinairement arrondi, & dans l'eſpace de quelques milles, ſouvent elles font une multitude d'angles. Leurs couches ſont, ou horizontales, ou tant ſoit peu inclinées. Leurs lits de pierre ou de terre, ſont incomparablement moins épais; d'une matiere plus variée, & poſés régulierement les uns ſur les autres. Les mineraux & les métaux y paroiſſent non par veines mais ſeulement par touffes ou par groupes, & ce ne ſont que celles-là, qui renferment des productions marines, & des corps étrangers. Elles ne peuvent avoir été formées que par le moyen de l'eau, & d'une eau conſiderable, qui ayant séjourné pendant long tems dans un état alternatif de mouvement & de repos, aura insensiblement entassé contre les montagnes du premier ordre, diverses couches de terre & de matieres différentes. De là vient, que là, on voit un rocher élevé dont la tête nue & décharnée, annonce qu'il a été lavé par les eaux, ici, une montagne du second ordre (Flotzgebirge), qui a des pentes douces, souvent appuyées sur des montagnes du premiere ordre (Ganggebirge), qui étend au loin un bras dont la matiere, la position, & la direction prouvent incontestablement, que les montagnes de cette espece ont été peu à peu formées par couches, au moyen des eaux qui les ont couvertes pendant un certain tems.

A l'égard des montagnes du premier ordre, ou que j'appellerai primitives, parce qu'elles existent depuis la création, il se présente une remarque particuliere à faire ; j'ai déja remarqué, dans ma description des Glaciéres, que la plupart des montagnes de la Suisse, & les plus élevées, se trouvent dans la partie méridionale de ce pays ; que la plus grande partie est

est de Quartz ; que celles au contraire, qui sont dans la partie septentrionale sont, presque par tout, d'une pierre calcaire, & que les plus hautes Alpes de la Suisse sont toujours d'un roc qu'on appelle en allemand *Geisbergestein*, (*) & qui semble particulier à ce pays. Aucun auteur ne l'a encore décrit, mais il peut approcher de celui que Linneus appelle, *Saxum concretum micaceo-corneum, granulis pucculatum* ; ou de celui que Cronstalt décrit sous le nom de *Gestellstein*, & qu'il appelle en latin *Saxum compositum particulis Quarzosis & micaceis.* Ce roc est à peu près le plus dur de tous. Le fonds dont il est essentiellement composé, toujours d'un Quartz blanchatre qui approche de la pierre appellée en allemand *Hornstein*, parsemé de grains de Quartz transparent, & de parties métalliques qui ont de l'éclat, qui sont, tantôt bleues, tantôt vertes, & tantôt noires. On ne distingue aucune couche dans ces montagnes, &

(*) Ce roc est une sorte de grès, dont on fait nos pierres de moulins : on pourroit l'appeller *roc*, *ou roche à grains*, ou *granite. Note du Traducteur.*

on n'y voit aucun corps étranger. Les meilleurs métaux y sont renfermés, & c'est aussi là, que se forment les cristaux; il est rare qu'elles soient là absolument nues & toutes seules, la plupart sont environnées des montagnes du second ordre (Flotzgebirge) qui s'appuient contr'elles, de sorte que, souvent on ne distingue les montagnes primitives, que lorsqu'on est parvenu jusqu'à elles.

Il résulte de-là, deux choses : 1°. que les montagnes primitives, (Ganggebirge) & celles du second ordre (Flotzgebirge) ont une origine entierement différente; celles-là existoient déja quand celles-ci se sont formées. Ces dernières doivent avoir été formées dans l'eau, & par le moyen de l'eau, non tout d'un coup, mais insensiblement & pendant longtems, puisque la plupart de leurs couches sont minces, de matieres différentes, & ayant incomparablement plus de mineraux & de corps étrangers, mélés les uns avec les autres. Le peu de durée du déluge, a peine suffit à produire tout cet ouvrage; ce qui rend très probable, la conjecture de l'existence d'un lac ou d'une mer, qui, pendant longtems, aura couvert notre pays, & dont les courans, & enfin l'écoulement, auront formé avec le tems, les couches dont nous parlons.

2°. La ſeconde choſe qui réſulte de là, eſt : que la grande quantité de grains de Quartz tranſparens, dont l'eſpece de pierre qui compoſe ces montagnes, eſt ſemée, & le grand nombre de mines, ſouvent riches, de criſtaux qui ſe trouvent dans le ſein de ces rochers, nous démontrent également, qu'il faut que tout cela ait été longtems ſous les eaux. Car la génération du criſtal ſuppoſe un véhicule, qui même, ait agi pendant longtems, pour charier les parties criſtallines, les faire pénétrer dans le roc, & les lier enſemble.

Mais il ſe préſente encore ici à l'égard de ce roc, une remarque beaucoup plus importante. J'ai dit ci deſſus, que les plus hautes montagnes de la Suiſſe n'étoient compoſées que de cette eſpèce de roc, & qu'elles ſe trouvent toutes dans la partie méridionale de la Suiſſe. Comment eſt-il donc arrivé que, dans la partie ſeptentrionale, où certainement, il n'y a aucun rocher entier de cette espèce, on en trouve cependant par tout une grande quantité de morceaux détachés, souvent de l'épaisseur de quelques toises, & souvent, à une grande profondeur dans la terre ? D'où ces morceaux ont ils pû venir ? si ce n'est des rochers de la même espèce qui en sont éloignés de 20 jusqu'à 40 lieues. Mais comment ces débris ont ils pû être portés jusques là, puisque selon la nature de la surface que présente notre pays, ils doivent avoir roulé par dessus des montagnes & des vallées ? Si nous n'en trouvions que dans le voisinage de nos rivieres, nous pourrions dire que ce sont elles, qui nous les ont amenés insensiblement, vû qu'ils sont toujours plus legers dans l'eau. Mais nous en rencontrons à un grand éloignement de ces rivieres, & presque par tout, & en grande quantité dans notre pays ; ce qui est si vrai, que, dans le canton de Berne, le lit des grands chemins, est fait avec de ces morceaux de pierre, on en voit dans les endroits les plus bas & les plus élevés du pays. J'en ai trouvé, par exemple, à Obermuhleren, dans le canton de Berne, à une aſſés grande hauteur, & à Mandach, ſur les frontieres du Frickthal, dans un fonds aſſés bas, & environné de tous côtés de hautes montagnes, & comme ils ſont différemment mélangés, & que les paillettes, ou parties brillantes qui y entrent, ſont tantôt vertes, tantôt rouges, tantôt noires, & tantôt bleues, avec des grains tranſparens de Quartz entremêlés, on peut toujours dire, avec certitude, en examinant un de ces morceaux de roc, quoique ſi éloigné du lieu de ſon origine, de qu'elle montagne il faiſoit autrefois partie.

Le tranſport de ces débris, a toujours quelque choſe d'étonnant, & de difficile à expliquer; on ne peut, ſans doute, en rendre raiſon, qu'en ſuppoſant un grand tremblement de terre qui aura détaché ces pièces de roc des montagnes auxquelles elles appartenoient, enſorte que, dans un grand eſpace de tems, & dans un tems, ſans contredit, où la ſurface de notre pays n'étoit pas telle qu'elle eſt aujourd'hui, ſemée de hautes montagnes

& de profondes vallées, elles ayent été entrainées là où elles sont actuellement. Ces mêmes pieces de roc, ont pu aussi rouler plus facilement par le moyen de l'eau ou d'un lac, qui, selon toute apparence, a couvert pendant longtems notre pays. Mais comment cela a-t-il pû se faire, puisque dans le fond de la mer & des lacs il y a des hauteurs & des profondeurs, des montagnes & des vallées, comme sur la terre ferme? Autant qu'il est certain, que les torrens se creusent ainsi des cours profonds, sur des fonds tendres, autant aussi l'est-il, qu'on ne sauroit comparer le fonds raboteux de la mer avec la surface de notre pays, telle qu'elle est aujourd'hui; celle ci a été beaucoup plus profondement creusée, d'abord par l'écoulement des eaux hors d'un pays, où la nature a placé des montagnes extraordinaires, & ensuite, par les rivieres, qui, en descendant dans les vallées, les auront rendues toujours plus profondes; de façon que, ces pieces, détachées de roc dont nous avons parlé, auront pu être transportées, & plus vite, & plus facilement,

sur

ſur le fond encore couvert d'eau, que par deſſus la ſurface de notre pays, telle qu'elle eſt aujourd'hui, & qui offre plus d'obſtacles. Outre cela il eſt inconteſtable que la ſurface du fond de la mer, & des lacs, change continuellement, & cela par le moyen des courans, qui ne rencontrant nulle part un fonds ſolide, changent ſouvent de direction, comme on le remarque encore aujourd'hui dans la mer; amaſſent tantôt ici, tantôt là du limon, qu'ils emportent enſuite, & ſe frayent ainſi de nouveaux cours. Nous conjecturons donc auſſi, & non ſans fondement, que les courans qui avoient lieu autrefois, dans le lac qui couvroit notre pays, ont emporté peu à peu loin du lieu de leur origine, ces morceaux de roc, qui tantôt s'arrêtant lorſqu'ils rencontroient un obſtacle inſurmontable, tantôt avançant, lorſqu'un changement dans le courant facilitoit leur marche, ſont enfin parvenus où nous les voyons; mais comme il a fallu beaucoup de tems pour les tranſporter ſi loin de leur premier emplacement, on doit néceſſairement ſuppoſer, que le lac dont nous parlons a ſéjourné longtems ſur notre pays.

Il eſt difficile de comprendre que le déluge ait pû operer un pareil tranſport; les orages les plus violens ne ſe font reſſentir qu'à quelques toiſes de profondeur dans la mer; & comme alors elle étoit, à cauſe de l'augmentation des eaux, une fois plus élevée qu'auparavant, les tempêtes qui auront agité la ſurface, auront encore moins pénétré jusqu'au fond. Dira-t-on donc, que dans le déluge, qui couvrit notre globe, il y avoit auſſi des courans qui remuoient le fond des eaux, comme il y en a aujourd'hui dans la mer; mais ces courans incomparablement plus violens, doivent avoir auſſi formé une ſurface, beaucoup plus inégale & plus raboteuſe, & par conſéquent, le tranſport des morceaux de roc, a du être de beaucoup plus difficile. Il reſteroit toujours outre cela, une difficulté; c'eſt comment, dans un auſſi court eſpace, des pieces de roc auſſi conſidérables, auroient pu être tranſportées auſſi loin, par deſſus une ſurface auſſi inégale, ſi auparavant, le fonds n'eut pas été immédiatement couvert par un lac, & s'il ne fut pas encore entierement tendre.

§ 5.

Conſidérons encore, ce que les montagnes du ſecond ordre (Flotzgebirge) nous offrent de merveilleux. Nous y trouvons des raretés, qui n'appartiennent preſque qu'à notre pays. Il ſera difficile de trouver ſur la terre, une contrée où l'on rencontre comme en Suiſſe, autant de mines d'ardoiſe de toute eſpece. Il y en a de la fine, de la groſſiere, de la noire, de la bleuatre, de la verdatre, de la griſe, & de celle qui eſt d'un rouge clair. C'eſt dans les Griſons, & ſur-tout aux environs de Pfefers & de Pleurs, que l'on trouve de grandes montagnes toutes de cette pierre. Dans le canton de Glaris on tire d'une haute montagne, la plus belle ardoiſe pour table, qu'on tranſporte dans toute l'Europe. Dans le canton d'Ury, ſur-tout à Schæchenthal, il y en a une grande quantité de diverſes eſpeces. La plus grande partie du Vallais eſt environnée de rochers d'ardoiſe. Dans le canton de Berne, tout le Scheideckberg, dans l'espace de six lieues, n'offre que de la pure ardoise. Derriere l'Eigersbreithorn, dans le Grindwald, il y a une grande montagne, aussi d'ardoise. Près de Meyringen à Zuwald, on en voit de grandes couches qui ne sont qu'une suite de celles du Scheideckberg : ensorte que, dans cet endroit là, il y a un terrain de plus de dix lieues d'étendue, qui est tout sur l'ardoise. Vers Engstlen, on en trouve aussi une grande quantité, dont une partie est d'un beau rouge, & l'autre d'un très beau verd.

Le fonds de l'ardoise, tant de celle qui sert à couvrir les toits, que de celle qui sert à faire des tables, composé de particules imperceptibles à la vue, & au toucher, est selon tous les naturalistes, un limon ou une marne très fine, qu'on ne trouve que dans le fonds de la mer & des lacs. Il faut par conséquent qu'une eau considérable ait séjourné dans notre pays ; qu'elle en ait remué le fonds, ce fin limon qui s'y trouvoit, & l'ait ensuite laissé reposer, pour que, par cette alternative de mouvement & de repos, elle ait pu former ces minces couches d'ardoiſe, & en élever des montagnes entieres. Deux raiſons principales rendent cette opinion, non-ſeulement vraiſemblable, mais même preſque indubitable. La premiere, c'eſt que la plupart de ces couches d'ardoiſe renferment des productions marines, comme des poiſſons, des coquillages, & des plantes, qui ne croiſſent que dans la mer. Comme on le voit dans les carrieres d'ardoiſe du canton de Glaris, & dans celles qui ſont près de Meyringen, & ce ſont les ſeules qu'on ait encore exploitées dans la Suiſſe, & il eſt par là-même, très vraiſemblable, que dans la plupart des montagnes & des carrieres de cette eſpece, il y a auſſi de pareils corps étrangers. La ſeconde raiſon, c'eſt que, l'ardoiſe eſt toujours diſpoſée par couches très minces, dont l'une eſt preſque toujours alternativement d'un grain fin, & l'autre d'un grain groſſier; de maniere que celles de ce dernier ordre ſont deſſous, & que les corps étrangers ſont entre deux; ce qu'on ne peut comprendre, qu'en ſuppoſant, pendant un tems conſidérable, une alternative continuelle &

réguliere de mouvement & de repos, dans une eau qui aura séjourné pendant tout ce tems là, dans l'endroit en question, & aura ainsi formé toutes ces couches ; & comme dans chaque mouvement, les parties les plus grossieres, comme étant les plus pesantes, tombent au fond, de là est venue cette alternative de couches grossieres, & de couches fines, dont celles-là sont toujours au bas, & celles-ci au haut.

En supposant cela, comment seroit il possible, que des couches si considérables, des montagnes entieres d'ardoise, se fussent formées, dans un pays aussi élevé que la Suisse, & outre cela, à des hauteurs aussi considérables, comme le Scheideckberg, l'Eigersbreithorn, Engstlen, si elles n'avoient jamais été entierement & pendant longtems couvertes par les eaux, dont le mouvement régulier ou irrégulier, eut pu insensiblement amasser le limon, & en former, sous elles, des montagnes d'ardoise ?

Si nous nous formons une idée juste du déluge, elle ne nous permettra pas de croire qu'il ait pu suffire à cet ouvrage, comme divers savans se le sont imaginés; selon toute apparence, dans le grand & général bouleversement de la surface de notre globe, tout fut confondu & tenu dans un mouvement continuel & impétueux; il n'est donc pas possible, qu'alors ces fines parties de limon se soient déposées au fond si régulierement, toujours en même quantité, de la même espece, & de la même finesse, sans se mêler beaucoup avec d'autres matieres étrangeres : par conséquent, les couches d'ardoise ne pouvoient jamais être, non plus, ni si régulierement posées, ni si minces, ni si peu mêlées d'autres corps.

Mais suppose-t-on un lac qui ait effectivement arrangé ces couches, il faut nécessairement que ce lac ait couvert toute la Suisse; car tous les rochers d'ardoise, se trouvent dans des endroits fort élevés & fort ouverts, de maniere qu'aucun lac n'auroit pu y rester, & couvrir ces rochers, sans couvrir aussi toute la Suisse; tout ce bassin, dont nous avons décrit les contours.

Une chose bien remarquable, que

l'on voit, non seulement sur le Scheideckberg, mais encore ailleurs, & qui est bien propre à frapper un observateur, & à exciter l'attention d'un naturaliste, c'est que dans un espace de six lieues, sur cette montagne, qui n'est que du second ordre & une dépendance du Wetterhor, avec lequel elle est liée, on voit sortir de terre, de grands morceaux d'ardoise, dont les couches sont, les unes entierement perpendiculaires, & les autres presque perpendiculaires; tandis qu'il est certain, qu'originairement & dans leur formation, elles étoient horisontales. Il faut nécessairement qu'elles ayent souffert un grand changement. L'histoire ne nous a transmis la relation d'aucun tremblement de terre qui se soit fait sentir dans cet endroit; mais sans cela, il est aisé de rendre raison de ce phénomene. Comme dans le fond de la mer, tout comme sur le continent, il y a des courans, & par là-même, des montagnes & des vallées, mais qui sans consistance, tandis que les eaux les couvrent, ne sont qu'un limon tendre, sujet à ceder à l'action des courans, il arrive ſouvent que ceux-ci minent & affaiſſent les collines & les amas de matiere qu'ils avoient formés, d'où reſulte une diſpoſition différente & une direction perpendiculaire, ou inclinée, dans les couches auparavant horiſontales. Il peut auſſi être arrivé, que ces montagnes d'ardoiſe, qui ſe ſont deſſéchées après l'écoulement des eaux du lac qui les couvroit, ſe ſont inclinées par leur propre poids, ſur un fonds penchant, pendant le tems de leur deſſéchement, & ſe ſont ainſi dérangées.

Un autre exemple également frappant d'un pareil dérangement, dans des couches d'ardoiſe, ſe remarque dans le pays de Vallais près de Brigue; nous en avons encore un plus ſingulier, vers le lac d'Ury, qui eſt tout environné de hauts rochers, fort extraordinaires. Les couches en ſont, tantôt perpendiculaires, tantôt ondoyantes, tantôt terminées en angles aigus, tantôt arrondies, & toujours inclinées en une infinité de manieres différentes. On peut en voir la repréſentation dans l'hiſtoire naturelle de Scheuchtzer. Comme ces montagnes environnent réellement un lac, il eſt très vraiſemblable que ce lac ayant été autrefois beaucoup plus élevé qu'il ne l'eſt aujourd'hui, les aura couvertes; mais qu'avant que d'être deſſéchées, ces montagnes, & les couches dont elles ſont formées, ont été miſes dans l'état ſingulier où nous les voyons apréſent; ou par un tremblement de terre, ou parce qu'elles ont été minées, & qu'elles ſe ſont affaiſſées par leur propre poids; & ſi le même lac a été aſſés haut pour couvrir le ſommet de ces montagnes, toute la Suiſſe aura néceſſairement été ſous l'eau.

Il faut que je faſſe mention d'une autre eſpece de montagnes du ſecond ordre (Flotzgebirge) qu'on ne voit, ſi je ne me trompe, qu'en Suiſſe; je veux parler de celle qu'on appelle en allemand *Nagelſlube*, qui eſt compoſée de petits cailloux arrondis en partie, à peu près de la même groſſeur, fortement liés enſemble avec un ciment de ſélénites & de ſpat mêlé de ſable & de terre. Elle n'a encore été décrite par aucun naturaliſte; on trouve en Suiſſe, ſurtout, le long des rivieres & des torrens; principalement dans l'Emmenthal, au canton de Berne, & dans l'Entlibuch, qui appartient au canton de Lucerne, beaucoup de rochers de cette espece, pour l'ordinaire d'une dureté extrême, mais jamais fort hauts. Ils prouvent aussi, ces rochers, que l'eau a beaucoup travaillé dans notre pays, sans doute dans un tems, où les petits cailloux qui les composent, existoient déjà, étoient déjà durcis & arrondis par le mouvement circulaire de l'eau; ce qui suppose aussi un long espace de tems.

J'aurois volontiers penché, à ne pas attribuer cet effet à un lac qui eut couvert notre pays, & y eut produit tant de choses, mais à des tems plus modernes, en supposant que le sommet de ces rochers a été autrefois le lit, ou le fonds d'une riviere, qui, avec le tems, s'est toujours plus creusé, de maniere que les côtés sont devenus des montagnes; mais l'expérience nous apprend que les lits des rivieres s'élévent plutôt qu'ils ne s'abbaissent, & que même cela fait quelquefois déborder leurs eaux. Nous ne pouvons donc attribuer la formation de ces rochers, qu'au séjour d'un lac dans notre pays, qui, dans les anciens tems, aura entassé par le moyen des courans qui étoient au fond, une grande quantité de ces cailloux, dont les couches auront été rompues, soit par le changement de direction dans les courans, soit par l'écoulement des eaux du lac, & dont les parois seront devenues tout autant de petites montagnes. Si on veut, pour cela avoir recours au déluge, j'y consens, mais en faisant cette remarque, c'est que les eaux du déluge auroient eu de la peine à pénétrer ces cailloux, & à s'y insinuer, s'ils n'avoient pas été auparavant couverts d'un lac de façon qu'ils fussent encore tendres, & non si fortement liés.

§ 6.

Mais si des montagnes nous descendons dans les vallées, que de merveilles n'y remarquerons nous pas encore ?

Nous voyons que soit, les grandes vallées qui sont environnées de montagnes, originairement de roc; soit les moins considérables qu'environnent de plus petites montagnes, de pierre

& de terre, mêlées. Nous voyons dis-je, que les unes & les autres sont construites de telle maniere, que là où il y a un angle saillant d'un côté, il y a un angle rentrant de l'autre, & cela, selon toutes les regles de la plus exacte géometrie, avec cette seule différence, que dans les grandes vallées, les angles sont plus obtus, & dans les vallons, plus aigus.

Nous voyons toujours qu'une riviere, ou un torrent qui traverse une vallée par le milieu, en suit exactement les différens contours, avec encore cette seule différence, que plus un des côtés de la vallée est penchant, & plus en général la riviere ou le torrent, s'approche de ce côté.

Nous remarquons toujours que les deux côtés de la vallée sont à peu-près de la même matiere, d'un même mélange, & que les couches qui sont vis à vis les unes des autres, sont de la même espece, & alternent de la même maniere.

Cela est si vrai, que si dans un des côtés de la vallée, on trouve des pétrifications renfermées dans les couches de la montagne, on en trouvera de la même espece, & à la même hauteur de l'autre côté.

Nous sommes redevables de la première de ces observations à Monsieur Bourguet; & il n'y a personne qui ne puisse s'assurer aisément de la vérité. Pour la derniere, qui que ce soit jusqu'ici, ne l'avoit faite. Il faut que je commence par la justifier. Pour cela, voici des faits remarquables. Nous trouvons un banc très connu de coquillages marins pétrifiés, de diverses sortes, proche de Berne, sur le Belpberg, à une hauteur assés considérable, & qui, dans cet endroit, est coupée à plomb; & vis à vis, à une demie lieue de là, sur l'Immiberg, séparé seulement du Belpberg, par un vallon, on trouve aussi un banc de pétrifications de la même espece, de la même couleur, du même grain, dans les mêmes couches de rocher, & à une même hauteur. A Heimisweil, dans le bailliage de Berthou, on voit aussi, d'un côté du village, des couches de *musculites* & de *tellinites*, & de l'autre côté de ce village, & du vallon, dans un endroit appellé, *Imkaltaker*, des pétrifications du même genre & à la même hauteur, & dans la même espece de pierres. Sur le Leuen, qui est une montagne, dans le même bailliage, on voit au dessus, sur un rocher, une couche de granite verd très dur, dans lequel se trouve une quantité de *buccardites*, de *pectinites*, & de *glossopetres*; & de l'autre côté, sur une hauteur qui n'est pas fort éloignée, on rencontre un banc de pierre de la même espece, & avec les mêmes pétrifications. Dans le bailliage d'Erlach, près Bruttelen, il y a un banc de roc fort dur, qui renferme un grand nombre de musculites & de tellinites: fort près les unes des autres, & vis-à-vis de ces différentes especes séparées, on trouve toujours sans aller bien loin, des couches correspondantes. A Mallerey, dans la vallée de Moutier-Grandval, on voit un rocher entier de turbinites, non pétrifiées, coupé perpendiculairement; à trois quarts de lieue de là, dans un autre rocher, on trouve de ces mêmes turbinites, parfaitement dans le même état. Ces deux rochers ne sont séparés que par une vallée. Ces exemples sont les seuls que j'ai vus; on peut en voir beaucoup d'autres en divers endroits ; je ſais que dans le canton de Bâle, & dans le comté de Neuchâtel, il y en a pluſieurs.

Que ſuit-il de ces obſervations, & en particulier de ces couches de pétrifications qui ſe répondent ſi bien des deux côtés d'une vallée, ou d'un vallon ?

Il faut néceſſairement que ces vallées, & leurs côtés de part & d'autres ſoient l'ouvrage de l'eau. Comme les grandes chaines de nos montagnes, deſcendent des ſommets les plus élevés de notre pays, d'où nos fleuves & nos rivieres tirent auſſi leur ſource; les eaux de ces fleuves & de ces rivieres, ſoit qu'on ſuppoſe que cela ſe ſoit fait tout d'un coup ou inſenſiblement, auront pris leur direction ſelon la pente qu'elles auront trouvée devant elles, & qui, dans le commencement aura été très grande, & en ſuivant les chaines des montagnes, elles auront entrainé des couches entieres de terre, & creuſé de profondes vallées; après que ces mêmes eaux ſe ſeront formées leur cours, qu'elles ſeront arrivées dans les terrains plats,

& qu'elles y auront déposé les terres qu'elles charioient avec elles, elles auront dû, selon la nature de la pente qu'elles auront trouvée, le terrain plus ou moins ferme qu'elles auront rencontré, & les divers obstacles plus ou moins facile à vaincre qui se seront présentés, chercher à s'ouvrir de nouvelles routes & à prolonger leur cours à travers les couches de la terre. Mais comme dans leur marche elles auront souvent rencontré des rochers, ou d'autres obstacles difficiles à surmonter, & par là-même, des angles repoussans, elles auront été obligées de se détourner tantôt d'un côté de la vallée, & tantôt de l'autre; de serpenter ainsi, & de faire divers angles, de maniere que l'angle saillant fut toujours égal à l'angle rentrant. Les rivieres qui coulent dans nos vallées, & qui y font divers tours & détours, nous mettent tous les jours sous les yeux cette loi de la nature. Mais quoique ce ne soit souvent qu'avec violence, que ces rivieres ont pu se creuser & se frayer un passage à travers les couches de terre qui étoient en leur chemin, il faut également que

que les deux côtés de la vallée, qui ſont vis-à-vis l'un de l'autre, & qui, auparavant ne formérent qu'un tout continu, ſoïent composés de couches ſemblables, & ayent la même direction.

Cet ouvrage a demandé beaucoup de tems, & n'a dû ſe faire que peu à peu. C'eſt ce qui ſe prouve ſuffiſamment par les couches de différentes matieres & de different mélange qui ſe ſuccédent alternativement ; & ne peuvent avoir ainſi été poſées les unes ſur les autres, que dans différens tems.

Il faut néceſſairement que cela ſe ſoit fait dans un tems, où les couches de terre étoient encore tendre, & du tout point deſſéchées. Cela ſe prouve auſſi clairement par les conſidérations ſuivantes : d'abord il eſt certain que les vallées dont la conſtruction & la direction ſont ſi régulieres, dont les deux cotés correſpondans, ſont à peu près de la même matiere, & ont des couches ſemblables, doivent avoir fait autrefois un tout continu, qui a été coupé, & traverſé par une riviere ; outre cela, on ne ſauroit douter que les eaux qui ſe précipitent des hauteurs, peuvent bien emporter quelques couches supérieures d'un terrain, même ferme & desséché, mais sans avoir jamais assés de force, pour creuser des vallées bien profondes, à travers un terrain de cette nature; autrement on verroit aujourd'hui nos torrens impétueux produire cet effet, ce que nous n'appercevons pas; à plus forte raison est il impossible, que des rivieres puissent pénétrer des couches dures de roc, & s'y faire un passage. Quand nous voyons donc, dans nos vallons, des deux cotés, des parois des rochers qui ont la même direction, qui sont de la même matiere, qui ont des couches semblables, & qui, par là-même ne faisoient autrefois qu'un tout continu, nous devons en conclure, que cela s'est fait, dans un tems, où ces couches étoient encore tendres, & pouvoient être aisément pénétrées. Trouvons nous des deux côtés de la vallée, des couches remplies des pétrifications du même genre, du même grain; des coquillages de la même espece, & à la même hauteur, comme nous en avons apporté ci-dessus plusieurs exemples, cela doit nous convaincre d'autant plus de la vérité en question, sur-tout, lorsque ces pétrifications ou ces coquillages se trouvent à une hauteur un peu considérable, comme sur le Belpberg, & le Leuen.

Ces eaux qui ont produit cet effet, ne peuvent être que celles d'un lac qui aura autrefois, & pendant longtems, couvert notre pays. Ce seront les eaux de ce lac qui auront peu à peu, & dans le cours de plusieurs siecles, achevé cet ouvrage, qu'on ne peut attribuer qu'à elles, parce que, pendant tout ce tems notre pays, ainsi couvert d'eau, n'étant qu'un limon tendre, pouvoit facilement être pénétré, & creusé jusqu'au fond, pour que des vallées s'y formassent.

Nous n'osons pas attribuer tout cet ouvrage à la création; tout ce qui sort immédiatement des mains du créateur est parfait; mais tout ce que nous remarquons sur la terre, nous prouve un bouleversement qui a suivi la création. Pouvons nous croire que la sagesse du créateur lui ait permit de donner la vie à un si grand nombre de créatures que nous voyons aujourd'hui pétrifiées, pour les détruire ainsi dans le même instant?

Le déluge ne peut pas, non plus, avoir opéré tout cela ; ses effets ont du répondre à sa nature. Mais c'étoit un boulversement général, qui, par là-même, ne pouvoit rien produire de régulier. D'ailleurs, il auroit été impossible qu'il eut creusé jusqu'à cent toises, & plus, de profondeur, à travers des couches de terre ferme, & qu'il eut formé de profondes vallées, surtout, à travers de montagnes de durs rochers ; ce qu'il a du cependant nécessairement faire, s'il est la cause des effets dont nous parlons. Il faut donc tenir pour certain, que toute la surface de notre pays a été autrefois couverte par un lac, qui avoit pour fonds, des couches encore tendres, de terre & de roc.

§ 7

Ces réflexions que je viens de faire, à l'occasion des choses remarquables que nous voyons sur la surface de notre pays, sont autant de preuves, qui rendent vraisemblable l'existence d'un lac, qui a couvert autrefois cette portion de la terre. J'ose même dire, que ces preuves vont jusqu'à la certitude. Et si de la surface de notre pays, nous descendons dans l'intérieur, dans les couches de terre & de roc qui le composent, nous pouvons assurer, qu'il ne nous restera plus là dessus aucune espece de doute.

Fulgosus, auteur italien, nous assure qu'en l'an 1462, près de Berne en Suisse, des mineurs qui cherchoient des métaux, avoient trouvé à plus de cent toises de profondeur, le corps d'un vaisseau de bois, qui avoit encore une ancre de fer, une voile de toile de chanvre, & quarante rames; & il dit, l'avoir vu. Monsieur Moro, qui adopte cette histoire, sans aucun doute, comme bien d'autres contes de cette espece, se donne la peine, dans *ses recherches sur les changemens de notre Globe*, d'expliquer ce phénomene. „ Dans les tems les plus reculés, dit-„ il, là, où est la Suisse, au lieu de „ terre étoit une mer, ou du moins „ un grand lac, qui, comme une „ mer particuliere, étoit environné de „ montagnes, ou semé d'une multitu-„ de d'iles, tel que l'Archipel. Dans le „ tems que le vaisseau, en question,

„ étoit ſur cette mer, il aura été couvert par une montagne, qui ſe ſera renverſée; ou une montagne nouvellement formée, ou de nouvelles matieres, ſoulevées par un feu intérieur, l'auront coulé à fond, & l'auront enſeveli. Après un certain tems, dans l'endroit où ce vaiſſeau a été ainſi couvert, il s'eſt élevé une montagne, avec les matériaux de laquelle, le vaiſſeau a du s'élever auſſi, puiſqu'il y étoit renfermé, & qu'il faiſoit un tout avec elle; enſorte que, lorſque les mineurs eurent creuſé à plus de cent toiſes de profondeur, ils eurent du trouver le dit vaiſſeau.

En général, je ſuis bien faché que nous n'ayons de cette hiſtoire, que je n'oſerois aſſurément ſoutenir, dans toutes ſes circonſtances, d'autre garant que l'écrivain fabuleux de qui nous la tenons. Aucun hiſtorien de la Suiſſe n'en parle, & je doute très fort, que dans le tems dont il s'agit, on ſe ſoit aviſé aux environs de Berne, de creuſer à plus de cent toiſes de profondeur.

Il faut donc avoir recours à des preuves plus ſures, & nous les trouvons, ces preuves, dans le nombre infini de pétrifications marines, répandues, presque par-tout, dans notre pays. (*) J'ai déja remarqué dans ma description des Glacieres ou des montagnes de glace de la Suisse, que dans la partie méridionale de ce pays, dans laquelle se trouvent nos plus hautes Alpes, il y avoit beaucoup de mineraux, mais en échange peu de pétrifications; que dans la partie septentrionale, au contraire, il y avoit peu de mineraux, mais beaucoup de pétrifications; que l'évêché de Bâle, le comté de Neuchâtel, le bas Ergew, dans le canton de Berne, & tout le canton de Bâle, étoient par tout à la surface, semés de ces pétrifications; qu'on en trouvoit des couches entieres, de presque toutes les especes possibles, dans des lits de rocher & de terre, non seulement dans le bas, mais encore quoiqu'en moindre quantité, sur des montagnes, même assés hautes.

Ces productions marines, dont quel-

(*) On peut juger de cette quantité par le *Catalogue des mineraux de la Suisse*, qui vient de paroitre dans les *Beytræge zur natur-histori des Schweizerlandes* par l'Auteur.

ques

ques unes ſont entierement, d'autres ſeulement à demi pétrifiées, & d'autres enfin calcinées; dont pluſieurs ont encore leur coquille très reconnoiſſable; ces productions, dis-je, appartiennent néceſſairement à la mer, on n'en ſauroit douter; & quiconque en aura vu une collection, & aura comparé ces pétrifications avec les originaux qui ſont dans la mer, en ſera pleinement convaincu. Ou elles ont été tranſportées dans notre pays, du lieu de leur origine, & par là même, ſont étrangeres chés nous, ou elles ſont encore aujourd'hui, dans l'endroit où elles ont pris naiſſance: dans le premier cas, on demande comment elles ont pu être ainſi tranportées? J'ai déja ci-deſſus, quoique fort en paſſant, fait voir aſſés clairement, que cela n'a pu du tout avoir lieu, ni par une retraite inſenſible des eaux, ni par la formation d'une nouvelle montagne, qui ſeroit ſortie de la mer, ou auroit occupé une terre abandonnée par la mer, ni par un gouffre qui ſe ſeroit ouvert dans la mer, ni par quelque inondation particuliere, ou d'autres accidens ſurvenus à notre globe. Il ne reſte donc d'autre systême apparent pour expliquer ce fait que le déluge.

Ce systême imaginé par Woodvard, & modifié par Scheuchtzer, a été suffisamment refuté par un grand nombre d'habiles gens, dont je ne repéterai pas ici, sans nécessité, les argumens. Je remarquerai seulement qu'il n'y a aucun pays, qui fournisse autant de preuves invincibles contre cette hypothése, que le notre, & je ne comprends pas comment Scheuchtzer, qui, d'ailleurs étoit un grand homme, & qui nous a le mieux appris à connoitre notre pays, a pu donner dans cette chimère. La grande quantité de pétrifications que nous trouvons en Suisse, l'a engagé à croire que le déluge les y avoit amenées des mers éloignées; mais si je compare cette grande quantité avec la nature de notre pays, je trouve tout le contraire, & je ne vois que de l'impossibilité à cela; je ne nie pas qu'un déluge universel n'ait pu causer, & n'ait causé en effet, de grands boulversemens dans notre globe; qu'il n'ait pu entasser ici & là, beaucoup de productions marines; peut-être même que dans plusieurs endroits, sur-tout dans les plaines, les pétrifications qu'on y voit, ne viennent point d'une autre cause. Mais d'un coté, qu'on se représente la quantité infinie de pétrifications que nous avons, & de l'autre l'excessive hauteur des montagnes qui environnent tout notre pays, il paroitra absolument contraire à la raison, de supposer, que toutes ces productions marines ayent pu être transportées de la mer chés nous, par dessus nos plus hautes montagnes. Nous trouverons cela d'autant plus inconcevable, & même contradictoire, si d'un côté, nous faisons attention que ces coquillages, beaucoup plus pesans que l'eau, restent toujours au fond de la mer; du moins la plupart de ceux que nous trouvons pétrifiés chés nous en si grande abondance, de maniere qu'aucune tempête n'est assés forte pour les emporter; & d'un autre, qu'il n'y a en effet aucune espece de tempête, quelque violente qu'elle soit, qui puisse se faire sentir à plus de 14 pieds de profondeur, & que les eaux, dans le tems du déluge, étant une fois aussi hautes qu'elles le sont actuellement, les plus grands orages ont encore moins pu atteindre au fond, pour en détacher les coquillages, & les emporter par dessus les plus hautes montagnes. Nos montagnes sont de mille, à deux mille toises au-dessus du niveau de la mer, & presque encore une fois autant au-dessus du fond de la mer. Comment seroit-il possible que ces coquillages si fragiles de leur nature, en accordant qu'ils ont pu être détachés du fond de la mer, eussent pu faire une aussi longue route & se conserver si bien tout entiers, malgré le grand nombre de rochers qu'ils auroient dû rencontrer par tout? Comment concevoir cela, sur-tout, des échinites, ou oursins pétrifiés, qui se brisent si facilement, que pour les transporter, il faut les envelopper dans du coton? Cependant nous en avons une grande quantité de cette espece, des familles entieres & des plus fragiles, mais parfaitement conservées. Qui pourroit s'imaginer que des plantes marines; des coraux, qui croissent toujours sur les rochers, dans le fond de la mer, & que les plongeurs n'arrachent même qu'avec force, ayent pu être transportés, & amoncelés dans notre pays, où nous en trouvons des quantités prodigieuses? Comment comprendre que des familles entieres de coquillages qui se trouvent toujours rassemblés dans le fond de la mer, sans se mêler jamais avec aucune autre espece, eussent pu faire un aussi grand voyage, sans se séparer, comme nous le voyons en plusieurs endroits de notre pays? J'en parlerai plus au long dans la suite.

On peut d'autant moins comprendre ce transport des productions marines, par dessus de hautes montagnes, qu'une vague, à supposer qu'elle en renferme quelques unes, détachées du fond de la mer, ne roule jamais constamment la même, & sans se rompre sur une vaste étendue de mer, comme on pourroit se l'imaginer. La violence du vent éleve l'eau de la mer, de maniere qu'une vague est à peu près une fois aussi haute que sa baze est large; mais l'eau penche également des deux côtés, & fait une espece de mouvement de balancement. Quoique le vent pousse toujours ces vagues, & les agite, cependant ce n'est jamais la même vague qui parvient au bord; mais l'eau monte & descend, alternativement, & ce prétendu chemin, que fait la vague, n'est qu'une illusion causée par cette alternative *d'ascension* & de *descension* de l'eau. Dans une tempête, ce ne sera que la surface de l'eau, & même, à une petite profondeur, & non le fond, qui sera agité. Les corps suspendus dans ces colonnes d'eau, principalement ceux dont la pesanteur spécifique est plus grande que celle de l'eau, ne peuvent pas voguer avec l'eau, mais ils descendent au fond; comment à plus forte raison, pourront-ils être détachés de ce fond, & emportés à un éloignement considérable, par dessus, même de hautes montagnes?

Ces considérations que nous venons de présenter au sujet des pétrifications de notre pays, suffiront pour faire voir que ces pétrifications ne sont pas étrangeres chés nous, mais qu'elles sont *indigenes*, de maniere qu'il faut que notre pays ait été autrefois couvert par un lac, ou une mer.

On dira peut-être, que si les eaux du déluge, n'ont pas été suffisantes, pour faire ſurnager par deſſus de hautes montagnes, ces productions marines, celles d'un lac permanent auront encore été moins capables de produire cet effet : comme par exemple, de porter des pétrifications ſur la montagne d'Anzeindaz, qui eſt élevée de 1460 pieds au deſſus du niveau de la mer; ſur le Guppen, qui l'eſt de 1538 pieds, & ſur le Glarniſch, qui s'éléve de 826 pieds au deſſus du même niveau : hauteurs, ſur leſquelles cependant on trouve des pétrifications. Cette objection ſe réduira à rien ſi on fait attention, d'un coté, que ces pétrifications ne ſe trouvent ſur ces montagnes, ni en grande quantité, ni par couches, mais ſeulement ſemées çà & là, & en moindre quantité qu'ailleurs; & de l'autre, que ces pétrifications ne ſont pas ſur le ſommet de ces montagnes, mais ſeulement ſur leur pente; Anzeindaz, le Glarniſch, le Guppen, le haut Santis, & le Meſſer, où l'on voit quelques unes de ces pétrifications, ont leur ſommet toujours couvert de neige, & ce n'eſt que ſur leurs pentes inférieures que l'on trouve de ces coquillages, & encore ſont ils rares. Le Fiſſmatt, le Kratzeren, le Randenberg, & les autres parties du mont Jura, ne ſont pas comptées entre les plus hautes montagnes, & cependant ce n'eſt que dans leur pente, qu'on trouve des pétrifications. Il n'eſt pas douteux que le fonds du lac qui doit avoir anciennement exiſté, n'ait été beaucoup plus élevé que la ſurface actuelle de notre pays ; les eaux, en s'écoulant, ont dû conſidérablement creuſer nos vallées, ce qui a élevé nos montagnes d'autant. Toutes les remarques que nous avons faites, & que nous ferons encore dans la ſuite, ſemblent le prouver. La partie qui eſt aujourd'hui au milieu des montagnes, peut avoir été autrefois couverte d'eau, & il ſe peut que la pente en étoit beaucoup plus douce, de maniere, que, les coquillages, ſur-tout ceux qui nagent de coté & d'autre, ont pu y arriver; cela eſt d'autant plus vrai que les pétrifications qui forment des lits entiers, ne ſe trouvent que ſur les montagnes les moins hautes, ou au bas de la pente de celles qui le ſont le plus. Il eſt ſans conteſte, que pendant la durée du lac, ces couches en auront fait le fonds; & qu'elles auront pu s'amonceler les unes ſur les autres. Mais le lac en s'écoulant, aura rompu par-ci, par-là ces couches, les aura minées & entrainées à travers les vallées. Les coquillages ainſi emportés par les eaux, auront derechef formé dans pluſieurs endroits, diverſes couches nouvelles, dont la plupart ſont reſtées ſur la ſurface. De là, a pu arriver que, dans la partie ſeptentrionale de la Suiſſe, nous en trouvons une auſſi grande quantité, preſque par-tout, ſur la ſurface. Une multitude de rivieres, ſe rendent de toutes parts, de ce coté là, dans le Rhin, par l'ouverture que ce fleuve fait au nord du baſſin de la Suiſſe, & qui eſt la plus baſſe de toutes.

§ 8

Ce que nous démontre la grande quantité de pétrifications que nous trouvons dans la Suiſſe, nous eſt confirmé avec une entiere certitude, par les différentes couches, dans leſquelles elles ſont, & certaines circonſtances qui les accompagnent. D'un coté nous ſavons que la plupart des coquillages vivent enſemble, en familles ſéparées, ſans ſe mouvoir que peu ou point du tout, & qu'ils meurent dans le même endroit où ils ont pris naiſſance ; de façon que dans un ſiecle, il doit s'en amaſſer dans le même endroit une prodigieuſe quantité, de la même eſpece. De l'autre, nous ſavons auſſi, que pluſieurs de ces mêmes coquillages n'habitent jamais que le fond de la mer, ne ſe montrent dans aucun tems, & reſiſtent aux plus grands orages, de maniere que nous ne les connoiſſons que par leurs pétrifications, qui ſont même en plus grand nombre que celles des autres eſpeces, car la bonne nature a efficacement pourvu à la défenſe & à la conſervation de ce genre d'animaux en apparence ſi foibles.

Si nous trouvons donc ſur le continent des couches entieres, & conſidérables, de pareils coquillages, qui ne vivent que dans le fond de la mer, en familles, ſans aucun mélange avec d'autres eſpeces, dans les mêmes circonſtances, où ils ſont dans la mer, il ſeroit ridicule de douter qu'ils ne fuſſent pas dans le lieu même de leur naiſſance, où le lac qui exiſtoit auparavant les a laiſſés en ſe retirant.

Qu'il y ait dans notre pays de pareilles couches, c'eſt ce qui eſt indubitable, nous y en trouvons beaucoup, quoique, ſelon toute apparence, la plus grande partie ne ſoit pas encore découverte. Pour mettre ce fait dans tout ſon jour, & à l'abri de toute conteſte, je vais faire l'énumération des principaux endroits, où on rencontre de ces coquillages.

Dans le canton de Berne, près de Heutligen dans la terre de Munſigen il y a, ſur une colline, un lit d'huitres extraordinairement groſſes (*oſtracites monſtruoſus. Lamellaris, inæquivalvis, roſtro canaliculato*) qui ont ſouvent un pied & demi de longueur, & qui peſent juſqu'à dix livres; on n'a pas encore trouvé leur original dans la mer; & c'eſt en vain qu'on a fouillé d'un bout à l'autre ce lit, on n'y a découvert aucune autre eſpece de coquillage. On en trouve de la même eſpece à deux lieues de là, ſur une colline, appellée *Putſchel*, dans la commune de Zimmerwald, précisément vis-à-vis d'Heutligen. Il y en a pour le moins autant, sur le Hochfuren, dans la commune de Bolligen, & à Thal à l'occident du Stockhorn.

Près de Denschbeuren, il y a un lit considérable de gryphites : (*ostracites scaphiformis*, *rostro adunco*), autre espece d'huitres, dont l'original nous est encore inconnu, & ce lit est sans mélange d'aucune autre espece de pétrifications.

Dans le même endroit, sur la pente d'un rocher, on trouve une petite couche d'une espece très curieuse & très belle de conques de Venus (*Hysteroconchites*, *concha hypocephatoides*) dont l'original n'a point encore été découvert dans la mer, & que l'on n'a point encore trouvé pétrifiée nulle part ailleurs. Elles sont dans une argile jaune, non pétrifiées, & parfaitement conservées, ayant souvent leurs deux battants réunis, & sans aucun mélange d'une autre espece, quoique toute la campagne des environs soit remplie de pétrifications différentes.

Près d'Efigen, dans un banc de roc

dur, ſe trouve une ſorte de petites cochlites, (*cochlites lunaris*) converties en un marbre rougeatre, ſans aucun mélange étranger.

A la campagne près de Mandach, dans un endroit particulier, on trouve des morceaux de cornes d'ammon, (*cornu ammonis*) prodigieuſes, dont le diamétre eſt ſouvent de deux pieds & plus, & quand on creuſe davantage, on en rencontre toujours plus, & de la même eſpece.

Dans le même lieu, maïs d'un autre coté, on voit des terebratulites, (*terebratula concha anomina*) qui y ont établi leur demeure, & en ſi grande quantité, que dans une heure, on pourroit ramaſſer une brouette pleine de ces très petits coquillages.

Au pied d'Anzeindaz, dans le gouvernement d'Aigle, dans un petit courant d'eau qui deſcend de la montagne, on trouve beaucoup de petites ſtrombites, (*ſtrombus*), métamorphoſées en un beau marbre bleu, ſans qu'on y apperçoive aucune autre eſpece de pétrifications.

A Bruttelen, dans le bailliage d'Erlach, il y a de grandes couches de roc, d'un granite très dur, & qui eſt ſemé de muſculites & de tellinites, ſi près les unes des autres, qu'on ne peut preſque diſtinguer la matiere elle même du roc, ſans qu'on découvre dailleurs aucune autre eſpece de pétrifications.

Sur la colline de Pütſchel, dans la commune de Zimmerwald, on trouve dans un petit rocher eſcarpé, des pectinites (*pecten*), parmi leſquelles il y en a de très groſſes ſans aucun mélange d'autres eſpeces.

Près de Meyringen, dans l'Ober Haſly, dans un endroit appellé *Imzuwald*, & dans une carriere d'ardoiſe noire, propre à couvrir les toits, il y a une grande quantité de cornes d'ammon, qui, tantôt ſont changées en la ſubſtance même de l'ardoiſe, & tantôt en marcaſſites brillantes, & ſéparées de toute autre eſpece.

A Lauffen, dans l'évêché de Bâle, on trouve des bancs conſidérables d'oſtracites (*oſtreum*) entierement ſeules, ſans aucun mélange étranger; & à Etzüe, dans le même évêché, un autre banc, d'une autre eſpece non mélangée, qui comprend une étendue de pluſieurs acres.

Sur la montagne Moron, encore dans cet évêché, on trouve un rocher entier de pures ſtrombites (*ſtrombus turbo*), qui en eſt ſi rempli, qu'un pied quarré en renferme plus de cent, ſans aucune aſſociation étrangere. Et pas loin de là, vers Malerey, & Court, ſont deux autres rochers eſcarpés, ſéparés l'un de l'autre, par un vallon, & qui renferment dans des couches fort épaiſſes, une auſſi grande quantité de ſtrombites, mais d'une autre eſpece, ſans être, non plus, en aucune façon mélangées.

Dans le canton de Bâle, il y a des rochers entiers de pierres *ovaires* (*Oolites*, *lapis ovarius*); près de Binnigen, il y a des couches entieres de pures oſtracites, & dans un autre endroit de corallites, ou coraux pétrifiés.

A Veau-Seyon, dans le comté de Neuchâtel, il y a de belles échinites (*échinus marinus*); dans un autre endroit il y en a d'une autre eſpece, dans un troiſieme, on a de belles cornes d'ammon, & dans un quatrieme des buccardites (*buccardites*); vers la côte aux Fées, de belles oſtracites d'une eſpece particuliere, mais toujours dans des couches ſéparées de toute autre genre.

Sur la grande montagne d'Aubring, dans le canton de Schwitz, il y a des bancs de rochers entiers de véritables helicites (*helicites*, *lapis lenticularis*) dans un roc dur & rougeatre, ſans qu'on apperçoive le moindre veſtige de quelque autre eſpece de productions marines.

Dans les cantons de Glaris & d'Appenzell, & dans le comté de Toggenbourg, on trouve des rochers entiers de la même eſpece.

Ces couches ſi ſingulieres de coquillages, méritent que nous les examinions avec un peu plus d'attention.

Ce banc d'huitres dont nous avons parlé, & qui eſt près d'Heutligen, qui renferme une ſi grande quantité de coquilles d'huitres, autant que la vuë peut en juger, a ſoixante pas de longueur, & cinq ou ſix en largeur. Il eſt dans le Lochenberg qui forme une colline paſſablement haute, il eſt au bas, & ſelon toute apparence il le traverſe entierement, puiſque de l'autre coté de la colline, dans la Wolfmatt, & tout autour on en trouve des veſtiges. Sur ce beau banc de coquillages qui incline beaucoup vers le midi, eſt une monticule de terre, qui s'étend à quelque cent pas, & dont le ſommet eſt couvert d'arbres. Dans ce banc, qui eſt de pure terre graſſe, ſont les coquilles d'huitre, ſans la moindre trace d'aucune autre eſpece, quoique j'aye plus d'une fois fouillé dans ce banc à une aſſés grande profondeur. Les deux battants ſont pour l'ordinaire réunis, mais quand on les ſort de terre, elles ſont très fragiles, & pour la plupart, tombent en pieces, à l'exception de celles qui pendant quelque tems, ont été auparavant expoſées à l'air. Il y en a de toutes les grandeurs, & de tous les ages. Au deſſus de cette couche, s'avance un banc de rocher, qui n'a qu'un ou deux pieds d'épaiſſeur, dans lequel il y a auſſi de ces huitres, mais ſi fort attachées au rocher qu'on ne peut pas les en ſéparer.

Quiconque doutera encore que ces huitres ſoyent dans le même lieu où elles ont pris naiſſance, n'a qu'à faire les conſidérations ſuivantes.

1°. Quelques unes de ces huitres pesent environ dix livres, & ont depuis un jusqu'à un pied & demi de longueur; avec cela la coquille doit peser une couple de fois plus que l'huitre qui y habite. Comme d'ailleurs, nous savons que pendant leur vie toutes les huitres ne bougent jamais dn leur place, mais au contraire, se tiennent fortement collées à des rochers, ou à d'autres corps, nous devons être d'autant mieux persuadés que les notres qui, sans contredit, sont les plus grosses, & les plus pesantes de toute l'espece, vu la grandeur de leur coquille, ne se sont jamais remuées de leur place, & par conséquent, qu'elles sont mortes dans l'endroit même où elles ont pris naissance; d'où il faut conclure, qu'il doit, peu à peu s'amasser une prodigieuse quantité de ces écailles d'huitres dans les lieux que ces animaux ont choisi pour leur séjour, d'autant plus qu'après la mort de l'huitre, ces coquilles peuvent encore durer longtems. Nos pétrifications, qui sont en terre ferme, sont donc parfaitement dans le même état où les originaux étoient pendant leur vie, & comme on les trouve aujourd'hui dans la mer.

2°. Seconde conſidération; le ſéjour de ces animaux dans la mer, comme le ſavent très bien les pêcheurs d'huitres, eſt toujours ſous un rocher eſcarpé & avancé qui les garantit contre les courans du fond de la mer, & dans un endroit ſéparé de tous les autres genres. De là des couches entieres de la même ſorte, telles que nous les trouvons pétrifiées vers Heutligen.

3°. Enfin comment le ſceptique le plus obſtiné, peut il imaginer, qu'il ſoit le moins du monde poſſible, qu'un banc entier d'huitres, comme celui dont nous parlons, qui ſelon toute apparence eſt très profond dans la montagne, & peut être la traverſe entierement, ait pu être tranſporté tout entier, ſans aucun mélange d'un Océan très éloigné, & placé dans l'endroit où il eſt actuellement. Quelle force l'a pouſſé ſi loin? Quelle route a-t-il priſe? Et comme entre toutes les cauſes prétendues poſſibles de cet effet, le déluge eſt celle qui paroit la plus naturelle, je demande comment on peut ſans ſe contredire, comprendre qu'il ait pu opérer quelque choſe de pareil? vû que nous ſavons, que cette eſpece de coquillage vit dans le fond de la mer, en famille ſéparée, ſous des rochers eſcarpés, quelle meurt où elle a pris naiſſance. Que les plus grands orages ne ſe font reſſentir qu'à quelques toiſes de profondeur dans la mer... Que ces coquillages auroient dû paſſer par deſſus des montagnes entaſſées les unes ſur les autres, & élevées de quelques mille toiſes au deſſus du fond de la mer. Mais ſuppoſé que toutes ces raiſons ne ſoyent que des chiméres, peut-on concevoir que tout un banc d'huitres, tel que celui dont il s'agit, ait pu ſi aiſément faire un auſſi grand voyage, par des tems auſſi orageux, & par deſſus des montagnes & des vallées, ſans ſe rompre, ni ſe déranger en aucune façon? Qu'entre tant de mille eſpeces d'animaux marins, aucune autre, ni aucun veſtige d'aucun autre ne s'y ſoit mêlé... Qu'au cas que l'on diſe, que ce n'eſt pas la couche entiere qui a été emportée par les vagues juſqu'à Heutligen, mais que ce tranſport s'eſt fait ſucceſſivement piece par piece, comment ſe pourroit-il, qu'il n'y ait pas eu un ſeul morceau d'une autre eſpece, pas même de la famille des huitres, enlevé en même tems & dépoſé dans le même endroit.... Que les deux battants de la coquille ayent pu reſter fermé pendant un voyage auſſi long & auſſi agité, puiſqu'apréſent lorſqu'on les ſort de terre, ils ſe ſéparent ſi aiſément.

En voilà aſſés ſur le chapitre des huitres; les autres coquillages qui vivent auſſi en familles ſéparées, ſans aucun mélange, préſentent les mêmes difficultés à reſoudre; qu'on me les reſolve, & qu'on me diſe pourquoi, en fait de coquillages marins, on ne trouve pour l'ordinaire, en ſi grande quantité en Suiſſe, que ceux qui vivent dans les endroits les plus profonds de la mer, ou qui ne vivent qu'en familles, comme le prouvent les différentes couches dont nous avons parlé! Qu'on me diſe encore, pourquoi nous n'avons de ſi grands amas, que des genres qui ne vivent que dans la plus grande profondeur des mers, qui ne ſe montrent jamais au bord, & dont l'existence dans la mer n'est reconnue que depuis quelques années; comme sont celles des cornes d'ammon, des térébratulites, & des gryphites, qui sont les trois principales especes de pétrifications que nous avons chés nous?

Les cornes d'ammon, ne vivent que dans les endroits les plus profonds de la mer; ce qui fait qu'on ne connoit encore aujourd'hui de leurs analogues marins que trois especes des plus petites, & même on n'en a que peu de pieces.

Le microscope en fait encore découvrir quelques autres especes dans le sable de la mer, de Rimini. Il n'y a que quelques années qu'on doutoit encore, si ce genre de coquillages vivoit dans la mer. La coquille de cet animal, lorsqu'elle est dans toute sa grosseur, a environ 40 cellules, & selon Mr. Bourguet, elle en a jusqu'à 150, qui sont toutes séparées par des parois, & entierement fermées. Chacune de ces cellules n'est pas plus grande qu'il le faut pour contenir aisément l'animal, ou le polype, suivant le degré de son accroissement.

Le ſurplus du poids de ſon habitation doit donc être aſſés conſidérable pour que le coquillage ne puiſſe pas quitter ſa place, dans le fond de la mer, quand même, ſelon le ſentiment de quelques ſavans, le ſyphon (*ſyphunculus*) qui perce juſqu'au milieu, toutes ces cellules lui ſerviroit à avaler de l'eau, & à la rejetter, pour ſe rendre plus ou moins peſant. Quoiqu'on trouve rarement des originaux de cette eſpece de coquillage, cependant nous en avons des pétrifiés en très grande quantité dans notre pays. J'en ai dans ma collection de 21 eſpeces trouvées en Suiſſe. Le ſable de la mer à Rimini, dans lequel on en découvre en grande abondance, & d'une multitude d'eſpece, nous prouve qu'aujourd'hui la mer en renferme un très grand nombre.

Les gryphites qui ſont une eſpece d'huitres qui ont le bec crochu, ne vivent auſſi que dans le fond de la mer, l'original en ſeroit entierement inconnu ſans Gualtieri, qui en a fait mention. Nous connoiſſons encore très peu ce coquillage, & ſa maniere de vivre; cependant, par la grande quantité que nous en avons de pétrifiés dans notre pays, nous voyons que l'huitre qui y fait sa demeure est très petite, & que le poids de la coquille dans laquelle elle vit doit être assés considérable pour l'empêcher de changer de place dans la mer.

Les térébratulites sont aussi une espece d'huitres, mais fort petites, dont on ne connoissoit, il n'y a que peu d'années, qu'un seul original, mais depuis, on en a apporté d'Amboine une couple de douzaines. Nous en trouvons dans notre pays une infinité qui sont pétrifiées. Dans plusieurs endroits de l'Ergew, on pourroit dans l'espace de quelques heures en ramasser des brouettées entieres; & dans d'autres endroits, il y a des rochers qui en sont tout pleins.

Outre ces especes qui vivent toutes dans le fond de la mer, & que l'on ne connoissoit que pétrifiées, il y a peu d'années, on en a encore quelques autres, qui, à la vérité, ne s'établissent pas dans le fond de la mer, mais ne changent cependant jamais de place, & que l'on trouve, par conséquent, rassemblés en familles séparées, soit,

soit, dans la mer, soit, chés nous où elles sont pétrifiées.

A ces especes appartiennent les musculites (*musculus*), les moules pétrifiées, (*mytulus*) les tellinites (*tellinus*) qui ont toutes un long tuyau, ou pied qui sort de l'ouverture du coquillage, & peut s'étendre jusqu'à deux pouces. Par l'endroit, où cette espece de langue sort du corps, l'animal jette un long fil au moyen duquel il s'attache fortement à un autre: de là vient qu'on en trouve toujours en si grande quantité, & par tas dans la mer ou sur la terre, mais ici dans un état de pétrification; preuve en soient les couches dont on a parlé qui sont près d'Heimisweil, de Bruttelen, en partie aussi sur le Belpberg, vers St. Gall & ailleurs.

Les oursins de mer sont aussi une espece de coquillages qui, à la vérité, se meuvent de tous cotés, mais ne vont que très lentement, & dans toute leur vie ne s'éloignent jamais que fort peu, quoi qu'ils soient pourvus d'une espece de pieds dont ils se servent comme de rames; & qu'il y en ait même une espece qui a jusqu'à 2100 pieds & 1300 cornes. De là vient que nous en trouvons dans la terre une grande quantité qui ſont raſſemblés, preuve en ſoient les couches dont nous avons fait mention, & qui ſont à Veau-Seyon, dans le comté de Neuchâtel, à Dentſchbeuren, & ailleurs.

Ces deux dernieres eſpeces, ont pu être davantage répandues & mélées avec les autres, vû que leur coquille eſt mince & légére, & qu'après la mort de l'animal elles ont pu facilement ſurnager, & être emportées au loin.

Que dirons-nous de nos *pierres ovaires*, (*Oolithes*, *lapis ovarius*) ? nous trouvons dans le canton de Bâle, dans le comté de Neuchâtel, & dans nôtre Ergew, des rochers entiers, qui en ſont tout remplis, de manière qu'ils ne paroiſſent être compoſés que de cette matiere, & par-tout on en rencontre des morceaux détachés; tantôt ils ſont parſemés de petits coquillages, ou de leurs débris, & tantôt ils ne le ſont pas. Je n'ignore pas que, malgré toutes les recherches des ſavans, on n'a pas pu encore s'aſſurer ſi ce ſont réellement des œufs pétrifiés; je n'ignore pas non plus, que ſous ce nom, on a compris, mais ſans aucun fondement, pluſieurs autres eſpeces de pierres, qui reſſemblent à celles dont nous parlons, mais qui ſont d'une nature bien différente, comme les *ætites*, les *piſolites*, les *phaſites*, les *cenchrites*, & les *méconites*, qui n'ont cependant rien de commun avec les pierres ovaires, proprement dites, mais appartiennent pour la plupart au règne minéral, ces noms n'étant que des dénominations vagues. Quand j'examine tout ce qui a été dit là deſſus, & que je le compare avec les pierres ovaires, elles mêmes, je penche à croire qu'elles ſont en effet des œufs pétrifiés. Si le ſavant Mr. Andrac, dans ſes lettres écrites de Suiſſe à Hannover, paroit ſurpris de ce que je ſuis auſſi de cet avis, voici quels ſont les fondemens de ma conjecture. Pluſieurs eſpeces de crabes, de moules, & de limaçons de mer, dépoſent leurs œufs dans la mer, cela eſt prouvé.... Les limaçons à écailles dures, comme le pourpre, le buccin, la pholade ont dans leur ovaire juſqu'à 1728000 œufs, cela eſt prouvé par les obſervations microſcopiques de Lewenhock.... Ces œufs ſont pour la plupart en maſſe, & tiennent les uns aux autres comme le fray des grenouilles, mais les autres ſont dans des ſacs, & dans des ruches comme des rayons de miel... Dans les endroits, où des familles entieres ont fixé leur demeure, ils peuvent occuper de grands eſpaces, remplir des grands vuides, & dans le cours de pluſieurs ſiecles, former de grands amas, dont il n'y a comme ont ſait que la plus petite portion qui parvienne à la vie.... Ces œufs ſont ſuſceptibles de pétrification, vû qu'ils ſont enveloppés d'une coquille dure, comme les œufs ordinaires, & qu'au dedans ils ſont remplis d'une matiere glaireuſe & glutineuſe; & ne voyons-nous pas des corps infiniment plus tendres qui ſont petrifiés?... En les examinant attentivement, avec le microſcope, on voit qu'ils ſont ronds comme des œufs de poiſſons.... Que la croute qui les enveloppe, eſt une coquille dure & ſphérique, comme celle d'un œuf.... Que l'interieur eſt une matiere compacte, qu'on peut aiſément ſéparer de ſon enveloppe.... Que dans le centre, il y a toujours un point noir, qui ſans doute, eſt le premier dégré de développement de l'animal : le tout ne pouvant être attribué qu'à un œuf, ni comparé avec quoi que ce ſoit d'autre.... Que dans la plupart des rochers, & des morceaux détachés de pierres ovaires, on trouve de petits coquillages entremelés, ou des débris de ces coquillages... Que ſi par le moyen de la chymie, on n'y trouve plus aucune ſubſtance animale qui tienne de ſon origine, cela vient de ce que la ſubſtance animale, a été abſorbée par l'acide du ſuc pétrifiant.

Le grand argument contre ce ſyſteme a toujours été, qu'on n'a pas pu comprendre comment des rochers entiers d'œufs de poiſſon, ont pu être tranſportés d'une mer éloignée dans nôtre pays, ou ſeulement comment la matiere dont ils ſont compoſés a pu y être chariée; en effet, il y auroit en cela quelque choſe d'extraordinaire, mais dès que tout ce que nous voyons ſur notre ſurface, ſe réunit pour nous apprendre qu'un lac a couvert autrefois la Suiſſe, & par conſequent, qu'au lieu de ſuppoſer que ces pierres ovaires ont été apportées d'une mer éloignée, on peut croire qu'elles ont été laissées ici, par la retraite des eaux; l'objection tombe sinon entierement, du moins en grande partie, ensorte qu'il n'en reste plus que deux à résoudre, savoir: si en effet les œufs de poissons sont susceptibles de pétrifications? & s'ils ont pu s'entasser de cette maniere dans la mer, & former des couches si considérables? Il ne doit rester aucun doute sur la premiere question, depuis que Lesser dans sa Lithotheologie, assure avoir vu un poisson pétrifié, dans lequel il y avoit aussi des œufs pétrifiés.... Depuis que Mr. le docteur d'Annony dans les mémoires de la societé phisique de Bâle, a décrit un crabe de sa collection, dont les œufs sont encore dans la même place où les crabes les portent.... Depuis que Mr. Sporing, dans ses traités de l'académie Suedoise, assure avoir trouvé dans la coquille d'une moule pétrifiée des œufs, & des petits moules, dans un état de pétrification.... Depuis que je possede aussi moi-même un buccin, dans lequel j'ai trouvé les œufs pétrifiés & une partie du corps d'un eremite qui s'étoit emparé par occasion de la coquille vuide de cette espece de limaçon de mer.... Depuis que dans toutes les collections d'histoire naturelle, nous voyons pétrifiés des poissons, des écrevisses, des vers & toutes sortes d'insectes, incomparablement plus tendres, & qui paroissent beaucoup moins susceptibles de pétrifications.... Depuis qu'on a vû les œufs de quelques poissons & de quelques limaçons de mer, à coquilles dures, d'une substance fort glutineuse, & tenace, commencer comme la plupart des pétrifications, par un état de calcination qui les desséche, en dissipant la matiere fluide, de maniere que le suc pétrifiant peut d'autant mieux les pénétrer.

Pour ce qui est de la seconde question; savoir: s'il a pu dans la mer se former des couches considérables d'œufs de poissons? il est plus difficile de la résoudre; nous ne pouvons gueres être instruits de ce qui se passe dans le fond de la mer, cependant nous savons, que plusieurs œufs de poisson ne produisent rien, sont stériles, descendent en partie au fond de la mer, & se corrompent.... Que vû que la plupart des coquillages, ainsi que cela est constaté, vivent en familles, & que leurs œufs sont déposés ensemble comme le fray des grenouilles, il peut se faire des amas considérables de ceux qui, comme nous venons de le dire, sont stériles & se corrompent, d'autant plus qu'il nous est connu que quelques uns de ces coquillages renferment des millions d'œufs.... Que dans l'espace de plusieurs siecles, pendant lesquels notre pays a été couvert par un lac, il a pu se former des couches très considérables de ces œufs, ainsi déposés; du moins, j'avoue que je comprends infiniment mieux tout cela, que je ne comprends comment nos pierres ovaires, semblables à celles de Springfelds à Carlsbad se sont insensiblement formées d'une pierre calcaire, chaque œuf ayant reçu peu-à-peu une nouvelle enveloppe, comme un oignon; ou qu'elles doivent leur origine à l'assemblage arrondi de grains de sable, qui prennent aussi la même forme, en roulant, comme divers savans moderne le conjecturent, trompés sans doute par des especes de pierres faussement nommées, *pierres ovaires*;

celles-ci, c'eſt à dire, celles qui ſont fauſſes, ne ſont pas auſſi parfaitement rondes que les véritables dont nous parlons, elles ne ſont jamais dans toute la maſſe, d'une grandeur égale, elles ne ſont pas non plus amoncelées en ſi grande quantité, & on n'y voit preſque aucune matière pierreuſe, comme aux autres.

J'ajouterai ici quelques mots, ſur les belémites (*belemnites*, *lapis lincis*); tous les trois regnes de la nature ont voulu revendiquer cette eſpece de pétrification; à la fin le regne animal l'a emporté; cependant, il n'eſt pas encore conſtaté ſi c'eſt un coquillage & de qu'elle eſpece il eſt? vû que l'on n'a pas encore trouvé ſon analogue dans la mer, ni le genre auquel cette pétrification doit appartenir; il nous ſuffit de ſavoir qu'elle eſt originairement une production de la mer; & ſi on n'a pas encore trouvé ſon analogue, c'eſt ſans doute parce qu'il habite au fond de la mer; & comme nous trouvons chés nous, des pétrifications conſidérables de cette eſpece, raſſemblées, c'eſt une nouvelle preuve de l'exiſtence d'un lac, qui a couvert autrefois notre pays.

Si la quantité de toutes ces productions marines, que nous avons chés nous, & l'état dans lequel elles s'y trouvent, nous démontrent clairement l'existence d'un ancien lac de cette nature, nous prouvons la même vérité, parce que nous ne rencontrons point dans notre Suisse d'autres corps terrestres pétrifiés. Dans les autres pays, selon le témoignage de plusieurs savans, on trouve dans le sein de la terre, au dessous, parmi & auprès de plusieurs pétrifications marines, des productions terrestres, de toutes les especes, & pétrifiées, come des arbres entiers & d'autres végétaux; il y a des forêts entieres, des instrumens de toutes les especes, des corps d'hommes & d'animaux, des éléphans entiers, des licornes qu'on trouve dans un état de pétrification. Sur quoi on peut consulter les écrits de Wormius, de Milius, de Buttner, de Beyer, de Volkman, de Kundman, de Leibknects & d'autres. Tandis que dans notre pays on n'a pas encore trouvé la plus légére trace des habitans d'un ancien monde, pas même d'une seule plante terrestre. Il n'y a qu'à examiner avec attention, *l'homme témoin du déluge*, de Scheuchtzer, (*homo teſtis diluvii*), pour s'aſſurer que le ſquelete, dont-il parle, n'eſt que celui d'un gros poiſſon de mer, & ſelon toute apparence, d'un charcarias. Le *couteau antediluvien* de Mr. Lang, *Culter antediluvianus* n'eſt autre choſe qu'un morceau d'une *ſolenite*; ſorte de coquillage marin, que l'on appelle en françois *manche de couteau*, à cauſe de ſa reſſemblance avec cette partie d'un couteau; ce qui n'eſt peut-être, que l'effet de l'imagination, qui a trouvé cette reſſemblance forcée, ou ce nom n'eſt qu'un jeu de mots, pour faire croire que c'eſt, en effet, un couteau pétrifié. Si avant le déluge, notre terre eut été une terre ferme & habitée, nous trouverions néceſſairement, ici & là, parmi la prodigieuſe quantité de corps marins pétrifiés que nous rencontrons, quelques reſtes d'hommes, d'animaux, de leurs habitations, de ce qui a ſervi à leur uſage, & des plantes terreſtres.

§ 9.

Ce que le grand nombre d'animaux

marins pétrifiés nous démontre, nous est aussi mis sous les yeux, par la quantité prodigieuse de plantes corallines, & autres, qui appartiennent à la mer, que nous trouvons encore ensevelies dans la terre, en familles; & qui nous prouvent l'existence d'un ancien lac dans notre pays. Dans le canton de Bâle, comme au petit Huningen, à Riechen, à Schauenburg, à St. Jaques, à Furlen, à Selbisberg, à Ramstein, à Regotzweil, à Rothenfluh, à Oltigen, & à Enden dans ce même canton, il y a des tas entiers de diverses sortes de ces plantes marines; & celles de la même espece, sont presque toujours ensemble, & séparément. Dans l'évêché de Bâle, à Montrepas, sur les montagnes de Monto, de Ramuet, de Vellerat, de Courcelon, à Mallerey, Sorvillier, Chalet, Pré-Richard, Combe-d'Echert, à Cremine, Moutier, Coulon, Rippas près de Dellmont &c. il y a des couches abondantes, & séparées de ces mêmes productions marines, tout comme dans le comté de Neuchâtel, où on en trouve aussi beaucoup. La plupart encore entieres, sont adhérentes aux rocs, dans le même état où on les trouve aujourd'hui raſſemblées dans la mer en familles : ce ſont, des *corallites*, des *tubulites*, des *madrepores*, des *millepores*, des *aſtroites*, des *porpites*, des *hypurites*, des *méandrites*, des *fungites*, des *retéporites*, des *caratophytes* &c. deſorte que, ces deux pays contigus, ſont pour ainſi dire la patrie de ces productions marines; tandis que dans les autres endroits de la Suiſſe, on n'en trouve par-ci par-là, que fort peu ; ſi ce n'eſt ſur le Randenberg, près de Schaffouſe, où il y a beaucoup de *fungites*.

Si l'on reflechit que ces plantes ne croiſſent que dans la mer, & non ſur terre.... Que dans la mer, elles choiſiſſent auſſi pour leur ſéjour, des lieux particuliers, & ſéparés ; où celles d'une même famille ſont enſemble, dans le même état où nous les voyons, lorſque nous les creuſons dans la terre.... Qu'elles croiſſent toujours ſur des rochers, & s'attachent ſi fort à des corps étrangers, qu'on ne peut les en détacher qu'avec force.... Que dans la plus grande tempête, la mer agitée, autant qu'elle peut l'être, ne peut cependant les déraciner, & qu'il faut avoir recours à des plongeurs pour les arracher : ces conſidérations nous feront conclure avec certitude, que toutes ces plantes marines que nous trouvons apréſent ſur la terre, parfaitement dans l'état que nous venons de décrire, attachées à des rochers & raſſemblées par familles ſéparées. Que toutes ces plantes, dis-je, ont appartenues âutrefois à un lac, & ſont reſtées dans notre pays, après l'écoulement des eaux.

Il n'importe point à ce ſyſtème que ces plantes dont nous parlons, ſoient réellement des plantes, ou l'ouvrage de quelques inſectes, comme quelques ſavans modernes le croient. Sans vouloir diſcuter cette queſtion, il me ſemble qu'on pourroit dire, avec autant de fondement, que des inſectes ont bâti les chênes, parce qu'en effet, on trouve toujours des inſectes dans les interſtices de l'écorce de cet arbre.

§ 10.

Juſques ici, je n'ai parlé que de coquillages & de plantes marines, qui, à la vérité, ſont ſans nombre, pour prouver que notre pays a été autrefois couvert d'eau.... Apréſent j'appelle en témoignage de ce fait, des montagnes entieres de l'ancien monde.

Nous ſavons que les pholades; coquillages à trois coquilles, que l'on voit aujourd'hui entaſſés dans la mer, & qui vivent en familles ſéparées, comme ceux dont nous avons parlé, n'établiſſent jamais leur demeure que dans une pierre encore tendre. Elles y creuſent des trous qui ont la figure d'un cône coupé, & dont le bout le plus étroit eſt en haut. Il faut qu'elles ſe fourrent fort jeunes dans ces trous, puis qu'elles peuvent bien aller en avant, mais jamais revenir en arriere; & à meſure qu'elles croiſſent, elles élargiſſent leur trou à proportion. L'inſtrument dont elles ſe ſervent pour creuſer de cette maniere, eſt cartilagineux, tendre & en loſange, & ſe trouve placé au deſſous de la coquille; il paroit bien ſurprenant, qu'avec un inſtrument auſſi tendre, il puiſſe creuſer une matiere ſi dure; mais cette pierre n'eſt qu'une terre graſſe, qui ſe durcit par la ſubſtance glutineuse de cet animal ; ce qui se prouve, parce que la partie supérieure du trou, est souvent pierre, tandis que l'inférieure n'est encore que terre grasse, ou argille. Ces coquillages passent par conséquent toute leur vie dans ce trou ; ils y sont entré jeunes, & leur trou est toujours une fois plus profond que la longueur de leur écaille. La place vuide est occupée par un tuyau charnu, au moyen duquel ils peuvent atteindre au dehors, pomper l'eau & la faire ressortir. Tout le mouvement dont ils sont donc capables pendant leur vie entiere, n'est que celui qui est nécessaire pour l'accroissement de leur corps.

On trouve aujourd'hui par tout dans la mer, de ces rochers percés par des pholades, & les pêcheurs les savent bien reconnoitre, parce que, comme les huitres, ces animaux sont les délices de la table. Les endroits où elles font leur demeure, sont toujours des pierres tendres, & attachées au fond de la mer. Si l'on rencontroit donc, en terre ferme, loin de la mer, de ces pierres enracinées à une certaine profondeur, & percées de trous de pholades, il feroit fans doute bien abfurde de nier que l'endroit où on les trouveroit eut été autrefois un fonds de mer.

Il y a environ 15 ans, que dans la paroiffe de Zimmerwald, pas loin d'Obermuhler, tout près de la metairie de Fuhren, fur une colline qui borne une grande profondeur, dans une marne dure, j'ai été affés heureux pour découvrir plufieurs trous de ces pholades, mais dont plufieurs étoient tamponnés comme avec un bouchon, par cette marne; ce qui n'empechoit pas qu'ils ne fuffent bien reconnoiffables, la marne ne les ayant pas fermés hermétiquement; & dans ces trous, il y avoit encore deux pholades entieres, bien confervées, & des débris de quelques autres. J'en ai encore une dans ma collection d'hiftoire naturelle, peut-être que ces deux font les feules de cette efpece que l'on ait, qui foient pétrifiées. Mr. Monti, en Italie, & Mr. Allion, en Piémont, ont bien trouvé pétrifié un coquillage d'une autre efpece, à cinq écailles, qui ne fait ces trous que dans d'autres grandes écailles, & dont on ne connoit pas encore l'original dans la mer. Mon ami, & alors mon compagnon de voyage, Mr. Dittlinger, a été témoin de ma découverte qui répand un si grand jour sur l'histoire naturelle.

Comme un seul exemple peut encore laisser quelque doute ; je ne me serois, peut-être, pas hazardé de tirer de celui que j'ai produit, une conclusion certaine, mais par bonheur, cet exemple n'est pas le seul, en voici un autre beaucoup plus convainquant; Mr. Echaquet, très versé dans l'histoire naturelle & dans la Lythologie, ci-devant pasteur à Court, dans la prévôté de Moutier-Grandval, & Mr. son fils, m'ont assuré avoir trouvé, dans l'enceinte de cette paroisse, un rocher profondément enraciné, & attaché à la terre, dont le pied a été visiblement & de la même maniere dont je l'ai dit, percé par des pholades, & que dans quelques uns des trous, il y a encore trouvé des débris des écailles de ces pholades, sans qu'il y en ait aucune entiere : sur le témoignage de ces deux savans, nous pouvons, sans contredit, regarder le fait comme assuré.

Vers Muttenz, dans le canton de Bâle, on a découvert plusieurs débris de pareilles pierres, percées par des pholades, dont quelques unes sont des agathes, & d'autres des pierres de roc. Selon toute apparence, les rochers d'où sont venus ces débris, sont dans le voisinage. Mais j'ignore si depuis la premiere découverte on en a fait d'autres.

D'où viennent ces rochers de pholades? Qui les a transportés ici? on ne peut concevoir aucune force capable de les avoir amenés de la mer dans notre pays. On ne sauroit douter qu'ils ne soient encore entierement dans le lieu de leur origine.... Mais, comme il est visible qu'ils ont été percés par des pholades, tels que ceux qu'on trouve aujourd'hui, en grande quantité, dans la mer; que dans ces trous, il y a encore en effet des écailles de pholades attachées; ajoutant à cela, que l'animal ne peut pas vivre hors de l'eau, il faut nécessairement que ces rochers ayent été entierement plongés dans la mer, ou dans quelque grand lac. Mais comme la mer est aujourd'hui à quelques cent lieues de notre pays, & que, nous n'avons aucune relation qui nous assure qu'elle en ait été plus proche, il n'est pas possible de nier, qu'il y a eu autrefois un lac, qui a couvert pendant longtems, & régulierement les endroits, où se trouvent ces rochers à pholades.

§ II.

Admet-on la supposition d'un lac qui a couvert nos contrées, il faut nécessairement que ce lac ait été commun à toute la Suisse, & qu'il en ait rempli tout le bassin. C'est ce qui découle déja de tout ce que nous avons dit jusques ici, & en particulier du cours de nos fleuves & de nos rivieres; ces fleuves & ces rivieres, qui, certainement étoient aussi autrefois les sources du lac en question, viennent des points les plus élevés de notre pays, & qui le sont en même tems de toute l'Europe; par conséquent. elles ont dû nécessairement remplir tout ce grand bassin, qui contient aujourd'hui la Suisse, avant que ces eaux ayent eu leur issue.

Cela se prouve encore par la pente

& la nature de notre ſurface, vû que nos fleuves & nos rivieres s'ouvrent depuis leur ſource, de grandes vallées, qui, en ſe reſſerrant & en devenant toujours plus petites, du coté des montagnes qui ſervent de bornes à notre pays, ſe diviſent & ſe perdent peu à peu, dans les montagnes du ſecond ordre (Flotzgebirge).

C'eſt ce que nous pouvons encore conclure de la quantité prodigieuſe de pétrifications qui ſe trouvent preſque par tout dans notre Suiſſe, & ſurtout, des couches entieres & conſidérables de ces pétrifications, qui ne renferment qu'une ſeule eſpece de ces coquillages, ſans aucun mélange, dans le même état où elles ſont dans la mer.

C'eſt ce qui paroit évidemment par ces rochers à pholades, qui ſont à une ſi grande hauteur, que s'ils ont été autrefois baignés par la mer, ou par un lac, il faut néceſſairement que toute la Suiſſe ait été ſous l'eau. Le lac de Zuric, par exemple, eſt élevé de 1200 pieds au-deſſus de la Méditerranée, & les rochers en queſtion ſont, ſans contredit, beaucoup plus hauts que le lac de Zuric ; par là-même, il ne se peut pas qu'un lac ait couvert ces rochers sans qu'il ait aussi couvert toute la Suisse.

Le grand St. Gothard avec ses dépendances, & les chaines de montagnes qui vont depuis là à l'orient & à l'occident, & qui sont les sommets les plus élevés du pays, doivent s'être élevées au-dessus du lac en question comme autant d'isles saillantes, & ces sommets, si depuis la création, notre pays n'a pas changé de situation sur le globe, doivent avoir été, à cause de leur extrême hauteur & du froid excessif qui y regne, constamment couverts de glace.

Ce sont ces isles de la Suisse, ces parties les plus élevées de notre pays, qui sont composées de ce grès dont nous avons parlé, appellé en allemand *Geissbergestein*, & qui est particuliere à la Suisse. Et c'est aussi dans cette espece de pierre que se trouve le cristal, dont il se peut que la riche matiere aura été fournie par le sort qu'à subi ce grès dans l'ancien monde.

§ 12.

Ce lac de la Suiſſe a dû être un lac ſalé; la grande quantité d'anciens habitans qu'il nous a laiſſés pour ſouvenir, & qui ne vivent que dans l'eau ſalée, le prouvent inconteſtablement.

Selon le ſentiment de tous les naturaliſtes, la terre qui contient du ſel le tire inconteſtablement de la mer, & ce ſel n'eſt autre choſe qu'un dépôt de la mer, & par là-même une preuve qu'il y en a eu une autrefois dans cet endroit. Car, que le ſel ſe répande ſur toute la terre, par des canaux ſouterrains qui viennent de la mer, c'eſt une idée qui depuis longtems a été ſuffiſamment refutée. On ſait, & l'expérience le prouve, que dans la mer, le ſel qui eſt deux fois plus peſant que l'eau douce, ſe dépoſe au fond comme un limon, à cauſe de ſa peſanteur; & quand l'eau peut s'évaporer peu à peu, ce qui reſte eſt toujours plus ſalé, & à la fin, n'eſt plus que du ſel pur. Toutes les expériences faites dans les ſalines, & toutes celles qu'on peut faire ſoi-même chaque jour, confirment ce fait.

Rencontrons-nous donc tout un

diſtrict rempli de ſel; il y a lieu de conjecturer, & même c'eſt une preuve bien naturelle, qu'un lac ſalé a autrefois couvert ce diſtrict, & qu'en ſe retirant, ou en s'évaporant, les eaux de ce lac y ont laiſſé ce dépôt: ſur-tout, ſi on trouve le ſel dans des montagnes de pierre calcaire, que l'on croit qui ſe forment du limon de la mer.

Les veſtiges de ſel que nous trouvons en pluſieurs endroits de notre pays, ajoutent bien du poids à toutes les preuves que nous avons avancées, de l'état de notre pays dans l'ancien monde. Chacun connoit les belles & différentes ſources d'eau ſalée qui ſont dans le gouvernement d'Aigle, au canton de Berne. Toutes ces ſources viennent de montagnes de pierre calcaire, dans leſqu'elles il y a un riche roc ſalé, lavé par les eaux qui filtrent à travers les fentes des rochers, & ſe chargent de particules ſalines. On ne voit point d'autres ſalines établies dans toute la Suiſſe, quoi qu'on trouve, en pluſieurs endroits, des indices de ſel; mais dans quelques uns de ces endroits, c'eſt, à ce qu'on dit, le manque d'induſtrie, & dans d'autres, une politique cachée qui y mettent

mettent obſtacle à leur exploitation. Dans le bailliage de Geſſeney, il y a des indices de ſources d'eau ſalée, qui, peut être, ſont liées avec celle du gouvernement d'Aigle. Mais elles paroiſſent contenir trop peu de ſel. Dans l'Armenſerthal, dans le pays de Vallais, ſelon des rapports fideles, il y a une ſource aſſés riche pour mériter d'être exploitée. A Schuls, dans le pays des Griſons, il y a deux riches ſources de la même nature, mais dont on ne tire point de ſel; on ne s'en ſert que comme des eaux minérales que l'on boit. Dans le canton d'Underwald, près d'Alpnacht, & dans le Schlierenthal, on a auſſi découvert des indices d'eau ſalée. Dans le canton de Fribourg, il doit y en avoir auſſi une qui eſt très peu connue. J'en ai vu un morceau criſtalliſé avec de la terre. A Colombier, dans le pays de Neuchâtel, il doit auſſi y avoir de pareils indices.

Si notre pays a été réellement le fonds d'un lac ſalé, nous avons tout lieu d'eſpérer que l'on pourra un jour y trouver de riches mines de ſel. Mais on a encore trop peu pénétré dans les entrailles de la terre, pour avoir fait, à cet égard, de grandes découvertes.

Mais d'où peut, enfin, venir cette quantité de sel de glacier, (*gletsher-saltz*), que l'on trouve en divers endroits vers nos glacieres, particulierement vers le Lauteraargletscher & l'Aletgletscher, dans le pays de Vallais? On sait que c'est un sel neutre amer. Ne se peut-il pas que ce soit un sel qui a été laissé par le lac, quand il s'est retiré, & qui a été converti en sel neutre par les eaux qui s'écoulent continuellement des glacieres?

§ 13.

Nous voyons donc ainsi, avec étonnement, sortir du sein d'un lac considérable, un pays abondant en toutes sortes de biens, qui pour nous rappeller son ancien état, & nous exciter par-là à la reconnoissance, dont nous devons être pénétrés envers une providence si bienfaisante, a conservé une infinité d'indices de ce qu'il a été.

Mais comment est-il arrivé, que la surface de notre pays, qui a dû être si bouleversée par ce lac, & par l'écoulement de ses eaux, soit dans un état auſſi floriſſant qu'il l'eſt aujourd'hui ? Nous ne chercherons pas, pour expliquer ce phénomene, du miracle là où il n'y en a point. Le créateur n'a preſcrit qu'un petit nombre de loix à la nature, mais qu'elle ſuit exactement, & c'eſt en vertu de ces loix que tout ſe fait ſous le Soleil.

Notre ſurface, quoiqu'elle nous paroiſſe, au premier coup d'œil toute bouleverſée, cependant à la conſiderer d'une maniere générale, & dans ſon tout, elle eſt réguliere. Le méchaniſme ordinaire de la nature, & les loix invariables du mouvement, ſont les ſeules régles qui nous mettent en état de juger de la régularité qui regne, non dans quelques parties ſeulement, mais dans le tout, lorſque dégagés de préjugés, nous ne ſuivons, pour en décider, que les plus pures lumieres de la raiſon.

La Suiſſe eſt le pays le plus élevé de l'Europe, & environné de montagnes dont la hauteur ne le céde que de fort peu à celles du Perou qui ſont les plus hautes du monde. Les plus hautes montagnes de la Suiſſe ſont ſituées, à peu près, au milieu du pays,

& en même tems sont le grand reservoir qui fournit des eaux à l'Europe. Car c'est toujours dans ces grandes montagnes, que sont les sources des grands fleuves qui arrosent l'Europe. La nature l'a ainsi sagement arrangé, afin que ces fleuves eussent une pente suffisante, & pussent d'autant mieux arroser une plus grande quantité de terrain. Les fleuves & les rivieres qui coulent du grand reservoir de la Suisse, je veux parler du grand St. Gothard & de ses dépendances, sont, sans doute, les mêmes qui formoient l'ancien lac, lorsque les montagnes qui l'environnoient étoient encore fermées de toutes parts, & ces mêmes rivieres le formeroient encore, si les endroits par où les eaux se sont frayées un passage venoient à se fermer de nouveau. Dans la mer & dans les grands lacs, ainsi que je l'ai déja remarqué, il y a au fond, comme sur la terre, des courans qui ont beaucoup de force, & prennent leur direction selon les hauteurs, les profondeurs & les rochers saillants qu'ils rencontrent dans le fond, & forment aussi sous l'eau, des montagnes & des vallées. Les rivieres, qui viennent toujours de sources élevées, doivent aussi nécessairement prendre leur cours selon les hauteurs & les profondeurs du fonds, & par là-même, elles doivent toujours plus creuser les vallées encore molles.

Représentons-nous donc ce qui a dû naturellement arriver, selon les loix du mouvement, lorsque le lac, tel que nous l'avons représenté, a franchi les bornes qui l'arrêtoient, & s'est frayé un passage.

Comme les sources des anciens courans, & qui, sans doute, sont aussi celles de nos fleuves actuels, sont fort hautes, & que la pente des vallées par où elles commencent à couler est fort grande, aussi, dans le commencement de leur cours, les eaux ont dû employer une grande partie de leur force, pour pousser devant elles tout ce qu'elles rencontroient; de là vient, que vers la source des fleuves nous voyons aussi les plus hauts rochers entierement nuds, & les vallées creuses & lavées.

Quoique nos hautes Alpes, & les vallées profondes & rapides qu'elles enferment, ne laissent au commencement, aux eaux qui en découlent, qu'un passage étroit, partagé en plusieurs petits courans, ces vallées s'élargissent insensiblement, se confondent les unes dans les autres, après avoir, peu à peu, réuni plusieurs petits courans, selon qu'il s'est rencontré des terrains plus ou moins tendres, pour n'en faire qu'une seule grande riviere. C'est ainsi que nous voyons le Rhin, le Rhône, le Tessin & la Reuss : rivieres qui tirent toutes leur source d'une infinité d'autres petites, dans un espace de quatre lieues. Chacune de ces rivieres prend son cours selon les petits vallons des montagnes, & leurs plus petites sources se réunissant à la fin, elles forment quatre grands fleuves, qui sortent ainsi de notre pays. Le Rhin, par exemple, a plus de cinquante sources différentes, avant que d'avoir quitté les Grisons, & l'eau qui coule de chacune de ces sources, prend son cours, selon les vallées qui se présentent a elle, entre les montagnes. Les choses alloient, sans doute, de la même maniere dans l'ancien monde. Plusieurs milliers de vallées, payent le tribut de leurs eaux à la mer par le moyen des pentes, plus ou moins grandes, qui les y conduiſent.

Comme ces rivieres, après avoir pendant l'écoulement ſubit des eaux du lac en queſtion, quitté les vallées renfermées par de hautes parois de rochers, & être arrivées dans des lieux moins étroits, ont pu, par-ci par-là, rencontrer des obſtacles, heurter contre des rochers, qui les auront refléchies, & prendre en conſéquence une nouvelle direction, & faire divers angles, ſelon les loix de l'hydroſtatique & la nature des obſtacles qui les auront repouſſées; ce qui pouvoit alors d'autant plus facilement avoir lieu, que la terre, qui aujourd'hui s'eſt durcie, étoit encore toute tendre & ſans conſiſtence; de là vient que nous voyons le bas de nos vallées fait en forme de baſtions, ſelon toutes les règles de l'art, de maniere qu'un angle rentrant d'un coté répond toujours à un angle ſaillant de l'autre.

Comme les petites vallées de montagnes, qui ne ſont pas environnées de parois de rochers étroitement unis entr'eux, ne ſont autre choſe que les diamétres d'anciennes couches de terre, qui formoient un tout continu, & qui ont été creuſées, ou inſenſiblement par des courans, tandis qu'elles étoient encore couvertes d'eau, ou par l'écoulement ſubit du lac, il a dû néceſſairement reſulter de là, que, dans ces mêmes petites vallées, les couches correſpondantes des deux cotés, fuſſent toujours de la même matiere, de la même épaiſſeur, & à tous égards parfaitement ſemblables : de là vient que nous voyons les deux cotés de nos vallons, dont les couches ſont toujours fort entremêlées, qui, tantôt ſont de pierre de taille tendre, tantôt de nagelfluh, roc de caillou, tantôt de pure terre graſſe, ou d'argile, & preſque toujours dans une alternative fort variée de matieres; de là vient, dis-je, que nous voyons les deux cotés de nos vallons qui ſe répondent, avoir des couches ſemblables, compoſées des mêmes matieres, & rangées dans le même ordre : preuve certaine que les deux cotés du vallon ne faiſoient autrefois qu'un tout continu, qui a été ſéparé, & creuſé par un courant ; mais comme ces vallons ſerpentent & s'élargiſſent en diverſes manieres, s'entrecoupent même ſouvent, ce que nous venons de remarquer n'eſt pas toujours ſenſible au premier coup d'œil ; mais en examinant de près on s'en apperçoit conſtamment.

Comme dans le fond de la mer, les courans changent ſouvent de direction ; que tantôt ils forment une petite colline, & tantôt ils l'enlevent ; que les coquillages forment de grandes couches dans le fond, & habitent en grand nombre enſemble ; que dans quelques ſiecles il peut y avoir, dans le même endroit, des quantités infinies d'écailles de ceux qui ſont morts ; de là vient qu'un courant, en changeant de direction, a ſouvent profondement enſeveli de pareilles couches de coquillages ou rompu une couche qui étoit à découvert, & en avoir ſéparé & éloigné les cotés par une profondeur creuſée entre deux, de maniere que ces deux cotés qui ne faiſoient autrefois qu'un tout, ſont de la même matiere & ont leurs couches ſemblables ; ce qui fait auſſi, comme nous en avons rapporté ci-dessus assés d'exemples, que dans les deux cotés d'une vallée, à la même hauteur, & dans la même direction, nous trouvons souvent des coquillages de la même espece & de la même matiere.

Comme il y a dans la mer, ainsi que je l'ai fait voir ci-devant, plusieurs coquillages qui vivent en familles séparées, sans aucun mélange avec d'autres, & qu'au bout d'un certain tems ces familles, ou ces especes, doivent former des amas considérables, il a dû resulter de là, que soit par l'écoulement des eaux du lac, soit par le changement des courans, pendant le séjour de ce même lac sur notre pays, il a dû se former des couches considérables de ces coquillages, réunis dans le même état où ils se trouvoient, & où ils avoient vécu : de là vient, qu'en effet, nous trouvons aujourd'hui ensevelies profondement en terre beaucoup de ces couches entieres & sans aucun mélange, qui ont servi de demeure aux coquillages marins qui vivent en familles séparées : le grand nombre d'exemples que nous en avons rapportés ne laiſſe aucun doute là deſſus.

Mais comme ſur la ſurface du fonds du lac qui couvroit notre pays, il y avoit, ſans doute, pluſieurs de ces coquillages répandus, & que les courans avoient rompu pluſieurs couches déja couvertes de ces coquillages, comme on l'a déja dit; ainſi, tant les courans du fond, que, ſur-tout, les eaux du lac en s'écoulant, ont dû mêler les uns avec les autres, les entrainer avec eux, & les répandre par-ci par-là ſur la ſurface. De là vient que, dans pluſieurs endroits de notre pays, nous trouvons effectivement répandus ça & là, ſur la ſurface, un grand nombre de ces pétrifications & dépouilles de la mer; avec cette remarque particuliere, que la plupart des eſpeces qui vivent en familles ſéparées ſont dans les couches des montagnes, tandis que celles qui ſe mêlent indifféremment dans la mer, ſe trouvent auſſi mêlées & ſemées ça & là ſur la ſurface.

Comme, non ſeulement de grands courans agitent continuellement le fond de la mer, mais que les eaux de la mer ou d'un lac, en se frayant un passage, doivent avoir la force nécessaire pour tout entrainer, il en a dû resulter, que tandis que les couches supérieures de la terre n'étoient encore qu'un limon tendre, & non desséché, des flots impétueux auront enlevés des couches entieres & les auront transportées ailleurs, comme nous le voyons souvent en petit dans les inondations qui emportent de la terre d'un endroit, la déposent dans un autre, & entassent ainsi, alternativement des couches de différentes matieres ; ce qui fait que tout notre pays est formé de montagnes du second ordre (Flotzgebirge), dont les couches, non seulement sont mêlées en une infinité de manieres différentes, mais encore renferment, la plupart, des corps étrangers, & sur-tout de ceux qui ne se trouvent que dans la mer : preuve incontestable qu'ils ont été autrefois couverts par les eaux de la mer.

Comme ce lac ancien de la Suisse, ainsi que tous les autres, avoit au fond, & dans plusieurs endroits, de grandes profondeurs, l'eau qui les remplissoit a dû y reſter, tandis que le reſte s'eſt retiré dans le tems de l'écoulement général, il a dû même ſe former de petits lacs & des étangs, ſur-tout, dans les endroits où ce lac repoſoit ſur un roc ou ſur de la terre graſſe, & qui étoient environnés de hauteurs. De là vient encore que nous trouvons dans notre pays, tout petit qu'il eſt, un ſi grand nombre de lacs, tant grands que petits. Ce que l'on ne remarque nulle part ailleurs, qu'en Hollande, dont les provinces, comme on ſait, ſont des terrains gagnés ſur la mer.

Comme nous trouvons apréſent dans la terre un grand nombre de coquillages, & ſouvent de ceux qui vivent en familles dans le lieu même de leur naiſſance, & qui, outre cela, n'habitent que dans l'eau ſalée, il faut néceſſairement que l'ancien lac de la Suiſſe ait été d'eau ſalée. De là tous les veſtiges de ſel que nous rencontrons dans notre pays, ſans compter un beaucoup plus grand nombre qui, ſans doute, nous ſont inconnus.

Tous ces faits, & tant d'autres qui tombent ſous nos ſens, quand nous examinons la surface si boulversée de notre pays, ont dû nécessairement être une suite des simples regles de la méchanique & des loix du mouvement, dans le tems que les eaux de notre lac se sont écoulées. L'eau, c'est à dire une eau considérable, qui a séjourné longtems sur notre pays, a été l'instrument de tout. Il n'y a que l'eau qui ait pu former nos montagnes & nos vallées, nos couches de terre & toute la surface de notre pays; & comme nous trouvons un si grand nombre de pétrifications marines ensevelies dans nos couches, il faut nécessairement que l'eau de la mer y ait été. Tous les naturalistes sensés sont d'accord là dessus; mais si, comme on l'a déja fait voir, une retraite insensible & générale de la mer, n'a pas été suffisante pour vuider notre ancien lac & mettre notre pays à sec; si outre cela, le déluge lui même, quand on le supposeroit universel, n'a pas pû ainsi renverser notre pays en n'admettant pas un lac antérieur & permanent, qui le couvroit, il ne nous reste qu'à chercher la cause d'un changement si heureux & si important pour notre Suiſſe, & qu'elle en a été l'époque.

§ 14.

Nous avons donc encore une queſtion à examiner; queſtion importante & dont nous devons chercher l'éclairciſſement dans la nuit obſcure de l'ancien monde. *Quand eſt ce qu'une mer ou un lac a couvert notre pays, & quand eſt-ce qu'il a été déſſéché, & qu'il eſt devenu terre?* Depuis le déluge aucun lac n'a couvert notre pays, rien de plus certain, car ſi cela étoit, il faudroit ſuppoſer un accident extraordinaire qui auroit fait évacuer ce lac; accident qui ſe feroit fait reſſentir également à tout le globe, ou du moins à toute l'Europe... Si cela étoit, il n'eſt pas douteux que l'hiſtoire ou la tradition ne nous eut tranſmis un événement auſſi général & auſſi conſidérable, d'autant plus que ni l'une ni l'autre ne nous ont laiſſé ignorer beaucoup d'autres choſes infiniment moins importantes. Non ſeulement, nous ne trouvons aucune trace de quelque choſe de pareil, au contraire, l'histoire nous fournit des preuves certaines de l'existence des Suisses depuis plus de 3000 ans. Selon Eutrope, ce fût près d'un siecle avant Cesar que les consuls Manlius & Capito furent vaincus par les Tiguriens & les Teutons, dans un combat près du Rhône. Il falloit donc que les Tiguriens formassent déja alors un corps de peuple considérable. Ensuite dans le tems de Cesar, les Suisses brulérent leurs villes & leurs villages, dans l'espérance de s'emparer d'un meilleur pays, & se mirent en marche pour l'Italie. Cesar leur ayant ôté cette espérance par une victoire signalée qu'il remporta sur eux, trouva dans leur camp des régistres écrits en lettres grecques, dans lesquels ils avoient inscrit le nombre de ceux qui avoient quitté leur pays, & qui montoit en tout à 368000 hommes. Une population aussi considérable dans des limites plus étroites que ne le sont aujourd'hui celles de la Suisse, & dans un tems où le pays étoit beaucoup moins cultivé, prouve certainement que longtems avant cette époque la Suisse étoit déja habitée. L'antiquité de ce pays, doit encore remonter beaucoup plus haut, si on adopte le sentiment de quelques historiens, qui croient que Zurich & Soleure avoient déja été batis du tems d'Abraham : que Tauricus, roi d'Arles, fonda la premiere de ces villes, environ 1700 ans avant la naissance de Jésus Christ ; & que la vieille tour de Soleure fut construite, à peu près dans le même tems, pour servir de maison de péage. Ce qu'il y a du moins de certain c'est que ces deux villes de Suisse sont de la plus haute antiquité. Mais quoiqu'il en soit, nous avons des autres pays de notre Europe, des rélation beaucoup plus anciennes & beaucoup plus exactes ; si donc, depuis le déluge de Moyse, la Suisse avoit été couverte d'un lac, nous aurions tout lieu de croire que toute notre Europe auroit eu le même sort, puisque la Suisse en est le point le plus elevé ; que les sources des eaux dont il est vraisemblable que ce lac auroit été formé, sont dans la Suisse, & qu'il n'est nullement à présumer que depuis le déluge ce pays ait changé de place sur le globe. L'histoire qui, à l'égard de plusieurs pays de l'Europe, remonte à des tems ſi éloignés, ne nous laiſſe cependant appercevoir aucune trace d'un déluge poſtérieur à celui de Noé.

On dira peut-être que lorſque la Suiſſe ſeule étoit couverte d'un lac, tous les pays des environs étoient *terre-ferme*; enſorte qu'on ne peut rien conclure pour appuyer nos raiſonnemens de ce qui s'eſt paſſé dans ceux-ci. Suppoſons donc, que depuis le déluge, un lac ait couvert notre pays tout ſeul, que doit-il être arrivé lorſque ce lac s'eſt enſuite ouvert un paſſage? Sans doute que tous les pays des environs, par où ce lac ſe ſera frayé une route, auront été entierement ſubmergés & ravagés; l'hiſtoire ou la tradition ſe tairoient-elles entierement là-deſſus? Non, ſans doute, & puiſqu'elles ne diſent rien de ſemblable ni qui y ait rapport, il eſt très vraiſemblable que cette erruption de notre lac s'eſt faite dans le tems même du déluge, enſorte que l'hiſtoire de cette erruption eſt compriſe dans celle du déluge lui même.

En effet, nous pouvons établir cette conjecture ſur des fondemens inébranlables. Il faut néceſſairement que l'événement qui a occasionné des ouverrures à travers les durs rochers qui environnoient notre lac ait été bien considérable, & ait eu une force prodigieuse. Et quel autre pourrions nous concevoir plus propre à cela que le déluge de Noé? .... Il faut qu'il soit survenu de grands tremblemens de terre qui ayent ouvert les abîmes, & enlevé les digues de la mer. Quoique le Tout-puissant n'ait pas établi les loix de la nature pour se prescrire à lui même des règles invariables, cependant il les a souvent suivies pour opérer des événemens extraordinaires. C'est ainsi, par exemple, qu'il se servit d'un vent violent pour dessécher la mer rouge, & procurer un passage libre aux Israëlites; il fit aussi souffler un vent d'Orient, pour faire entrer dans la mer toute l'armée formidable d'Egypte, & ensuite un vent d'Occident qui fit refluer les eaux, qui engloutirent toute cette armée. Il n'avoit aussi besoin pour produire le déluge que de suspendre pour quelque tems le mouvement de l'axe de la terre, ou le de hâter, afin de faire perdre au globe de la terre son équilibre, de maniere que la mer franchit elle méme ses bornes; où il ne falloit qu'ébranler fortement la terre, afin que les abîmes étant ouverts, & les barrieres de la mer enlevées, la terre fut néceſſairement ſubmergée. Un pareil événement général, c'eſt à dire le déluge, dont nous ſommes certains, doit néceſſairement s'être fait reſſentir au lac qui couvroit la Suiſſe, & lui avoir ouvert quelque iſſue. De ce changement de l'axe de la terre, & de ſon équilibre, il s'eſt néceſſairement enſuivi, que pluſieurs pays ont eu ſur le globe une place entierement différente de celle qu'ils occupoient auparavant, deſorte qu'en pluſieurs endroits la mer eſt devenue terre, & la terre eſt devenue mer; & comme pendant la longue durée de ce terrible déluge, la ſurface de la terre a été en grande partie bouleverſée, & qu'il s'y eſt formé de grandes vallées, tandis que d'autres ont été comblées; il eſt auſſi très certain, par là-même, que la mer n'a pas pû retourner dans les endroits qu'elle occupoit auparavant, & quand le changement de l'axe de la terre n'auroit pas été la cauſe du déluge, il en auroit été l'effet. Il eſt indubitable que par une ſuite de cet événement, notre pays eſt devenu le point le plus élevé de l'Europe, enſorte que par des iſſues qui ſe ſont alors ouvertes, il peut apréſent arroſer toute l'Europe de ſes eaux, juſques-là renfermées dans un baſſin qu'entourroient exactement de durs rochers; & d'autant plus abondamment, que ſelon toute apparence, par cet ébranlement du globe, les ſommités de notre pays étant devenues beaucoup plus hautes, elles ſont couvertes d'une neige éternelle, qui les met en état de fournir aux rivieres une plus grande maſſe d'eau, non ſeulement pour notre Suiſſe, récemment ſortie du fond de l'eau, mais encore à toute l'Europe, qu'elles fertiliſent par là.

En revenant ſur nos pas, ſi nous jettons encore un coup d'œil, ſur tout l'état extérieur de notre ſurface, ſur les rochers eſcarpés & chenus de nos montagnes, ſur nos vallées longues, larges & profondes, ſur les couches de coquillages, dont quelques unes ſont profondes en terre, & d'autres près de la surface, sur la quantité prodigieuse de montagnes du second ordre (Flotzgebirge); sur des rochers entiers qui ne sont formés que de coquillages, qui en sont comme la substance; sur les deux cotés toujours correspondans des vallées, dont les angles saillans d'une part sont toujours alternativement égaux aux angles rentrans de l'autre; tout cela sera bien propre à nous convaincre que tous ces effets doivent avoir été produits dans un tems où toute la surface étoit encore d'une matiere molle, & non compacte. Si nous voyons dans un état parfaitement semblable ces couches de coquillages qui sont dans les rochers des deux cotés d'une vallée, comme par exemple, à Belp, à Heimisweil, à Brutlen, à Court, & ailleurs, nous devons croire que ces couches ont été séparées par un lac qui a séjourné pendant longtems dans cet endroit, & y a creusé une vallée: de même nous concevons d'abord, & plus facilement, que cela n'a pas pu avoir lieu que lorsque les couches des rochers étoient encore dans l'eau & ne faisoient que d'en ſortir, de maniere qu'elles étoient encore tendres. Mais comme il falloit une force extraordinaire pour creuſer des montagnes entieres, des vallées auſſi profondes, & enlever de deſſus la ſurface des couches entieres de coquillages, il nous eſt difficile de comprendre que les courans du fond du lac, quelque grands changemens qu'ils puſſent opérer, ayent été capables de produire de pareils effets; il paroit qu'il eſt néceſſaire de ſuppoſer pour cela une puiſſance infiniment plus grande.

Mais ſuppoſé que ces courans ſeuls ayent pu faire tout cela, il eſt toujours certain qu'on ne peut concevoir comment le lac a abandonné notre pays, ſans ſuppoſer un événement extraordinaire qui ait produit un effet auſſi ſurprenant. Qu'il y ait eu autrefois un déluge qui ait couvert toute la terre, c'eſt ce qui eſt indubitable chés nous; que ce déluge ait cauſé de grands bouleverſemens ſur tout le globe; qu'il en ait changé toute la ſurface, & qu'il ait eu aſſés de force, par le moyen du changement de l'axe de la terre, pour ouvrir des iſſues à notre lac, c'eſt ce dont on ne peut non plus entierement douter; puiſque nous ſavons que dans ce grand événement , non ſeulement la mer a franchi ſes bornes , mais encore que les abymes eux mêmes ſe ſont ouverts.

En voilà donc aſſés pour nous; nous ſommes aſſurés qu'un lac a autrefois couvert notre pays : nous ne ſavons pas avec moins de certitude, que ce n'eſt pas depuis le déluge qu'il a eu lieu, puiſque ſans cela l'hiſtoire ou la tradition nous en auroient ſurement dit quelque choſe.... Il eſt également certain que le déluge envoyé pour punir l'ancien monde, & qui l'a détruit entierement, a changé l'axe de la terre, quoique l'hiſtoire ne le diſe pas, & par conſéquent qu'il a ouvert des iſſues à notre ancien lac & lui a aſſigné une toute autre place ſur notre globe. Enfin nous n'avons aucun lieu de douter que c'eſt un évenement extraordinaire qui a produit ces grands changemens, & cela avant que la croute qui enveloppoit notre pays fut déſſéchée & durcie; or nous n'avons de rélation d'aucun évenement pareil, à l'exception de celui du déluge.

Mais

§ 15.

Mais cet ancien lac de la Suiſſe a-t-il été un lac *découvert* ou un lac *ſouterrain ?* Nous ne nous étendrons pas beaucoup ſur cette queſtion, & encore moins la déciderons nous; nous nous bornerons là deſſus à quelques remarques.

On tient aujourd'hui pour certain, & l'expérience l'a démontré, qu'en général le corps de la terre, non ſeulement eſt rempli de veines & de ſources d'eau, mais encore de reſervoir d'eau. Toutes les fois qu'on creuſe la terre à une certaine profondeur on trouve toujours de l'eau, à la vérité à différens dégrés de profondeur. MM. Plœt, Holman, Pontoppidan, Buffon, Kuhn, & autres, citent un grand nombre d'exemples de cavités remplies d'eau, de réſervoirs ſouterrains, &c. Le docteur Kuhn, dans ſon livre *de l'origine des ſources*, fait mention de pluſieurs ſouterrains de cette nature, qui ſont viſibles; de réſervoirs d'eau; de gouffres &c. Quoique ſes preuves ne ſoient pas toujours démonſtratives, cependant on ne ſauroit nier qu'il n'y ait un grand nombre de ces reservoirs, ou gouffres remplis d'eau, de ces lacs souterrains, comme on voudra les appeller, qui sont renfermés dans la terre.

Dans notre pays, nous en avons divers exemples; Mr. Scheuchtzer, dans son *histoire naturelle de la Suisse*, nous parle de près de vingt cavités dont le fond, autant qu'on en peut juger, est toujours rempli d'eau, & de plus de vingt éboulemens de terre & de montagnes, qui, selon toute apparence, ont été causés, en grande partie, par des eaux souterraines. Le plus remarquable de ces éboulemens est celui d'une montagne dans les Grisons, & l'enfoncement de la terre au bord de la Sil, dans le canton de Zoug: enfoncement qui sur une grande longueur, a une profondeur de 80 pieds. On peut voir dans Scheuchtzer les planches qui représentent ces deux événemens. Les croutes de terre qui couvrent ces profondeurs cachées s'éboulent souvent par des tremblemens de terre ou par quelque autre cause. C'est un tremblement de terre qui a renversé la ville de Lima, & les ports de la domination Espagnole au Perou ; c'est aussi la même cause qui a bouleversé un district & un village entier à Amboine, une des iles Molucques. C'est sur-tout dans le voisinage de la mer qu'on trouve de ces reservoirs d'eau, qui ont une grande étendue. On connoit celui qui est près de Modene & qui est si considérable. Lorsqu'on perce la terre, l'eau jaillit comme par un tuyau à 63 pieds de hauteur.

Par là-même qu'il y a aujourd'hui, comme nous venons de le dire, de grands reservoirs d'eau cachés dans la terre, nous pouvons bien en conclure qu'il y en avoit aussi de pareils dans le tems du déluge; & même il n'est pas douteux que ceux-ci ne fussent plus considérables, vû que la terre n'étoit pas aussi desséchée qu'elle l'est apréşent; & nous pouvons, sans craindre d'être accusés de témérité, dire que Dieu s'étoit formé de pareils reservoirs ou de pareils abymes pour chatier, selon son plan, les habitans du premier monde, & qu'il s'en servit en effet, pour procurer le déluge de Noé. Sans affirmer avec Mr. Moro, que la masse des eaux de ce déluge devoit être 22 fois plus grande que celle des eaux actuelles de la mer quand on les rassembleroit toutes, nous devons nous contenter de ce fait, qui est certain, par le récit de Moyse, c'est que, *les fontaines du grand abyme* furent ouvertes. Nous n'avons pas, non plus, besoin avec Burnet d'examiner si Dieu avoit assés d'eau pour submerger la terre quinze coudées au-dessus des plus hautes montagnes, ou s'il fut obligé d'en créer de la nouvelle. Mais nous osons bien faire cette conjecture, vû qu'elle s'accorde avec le récit de Moyse; c'est que le débordement de la mer, & la pluye qui tomba pendant quarante jours, n'auroient pas suffi, sans l'eau des abymes qui s'ouvrirent & qui en fournirent une portion considérable. Pour ce qui est des croutes de terre qui couvroient ces abymes, elles furent rompues, & cela arriva aussi, ou par le moyen d'un tremblement de terre général, ou par le changement du centre de pesanteur de la terre, ou par la simple élévation des eaux de la mer, qui avoient peut-être une communication souterraine avec les eaux couvertes de ces croutes, ou seulement par le poids des eaux de la pluye, lequel augmenta pendant quarante jours. Ces croutes rompues tomberent dans l'abyme ; de maniere que les fontaines en furent ouvertes.

Notre ancien lac étoit-il donc un abyme souterrain, tel que ceux dont nous venons de parler ? C'est ce que je ne déciderai pas ; mais si l'on vouloit absolument dire quelque chose là dessus, je remarquerois, qu'en supposant notre lac un lac souterrain, on pourroit tout aussi bien rendre raison par-là de la nature de la surface de notre pays que par tout ce que j'ai dit ci-dessus, & qui suppose un lac à découvert, & même, il y auroit une ou deux circonstances qui s'expliqueroient mieux par la supposition d'un lac souterrain, comme nous l'appellons ; l'imagination auroit ici un vaste champ pour se promener dans la region des possibles ; mais je me bornerai à quelques réflexions. Peut-être que toutes ces grandes montagnes de rochers qui environnent la Suisse entiere, & la partagent en grands lambeaux, se touchent par leurs pieds, & par leurs fondemens. Un lac rempli de toutes sortes de productions marines occupa ce grand bassin, & une forte croute le couvroit; dans le déluge cette croute se rompit par quelqu'une des causes que nous avons indiquées; la terre s'enfonça dans l'abyme & couvrit aussi tous les êtres vivans de ce lac; l'eau comprimée par cette terre enfoncée, & obligée de monter de l'abyme, se mêla avec les autres eaux du déluge & se porta avec force entre les rangs des montagnes de rochers qui s'éléverent de l'abyme par l'enfoncement de la croute de terre, d'où se formerent ces profondes vallées entre les montagnes. Comme cette croute enfoncée se rompit sans doute elle même en morceaux, & remplit les vallons, l'eau pénétra entre deux & se creusa de petites vallées, qui eurent différentes directions. Mais comme le fonds précédent du lac étoit encore un limon tendre, sans consistence, & parsemé d'un grand nombre de coquillages, tandis que le nouveau fonds étoit formé par les couches de la croute enfoncée, les courans pénétrerent dans ces couches de terre & de coquillages, les diviserent & creuserent des vallées entre deux. Plusieurs de ces coquillages furent auſſi couverts & enſevelis par la croute enfoncée ; de là vient que de nos jours, on les retrouve, de tems en tems, dans des couches profondes. Mais les autres dont les couches ont été pénétrées par les courans, ont été emportés & répandus ſur la ſurface de la terre comme nous les voyons aujourd'hui en pluſieurs endroits, entremélés, & pour la plupart tronqués.

De tout cela je crois du moins qu'il ſuit ceci ; c'eſt qu'on ne peut réſoudre d'une maniere plus ſatisfaiſante que par-là, deux difficultés qui ſe rencontrent dans la théorie de notre ſurface.

J'ai dit ci-deſſus 1°. Que pluſieurs des coquillages dont nous avons parlé ſe trouvent chés nous par familles & eſpeces ſéparées, ſans aucun mélange, & dans le même état où elles étoient auparavant dans la mer, & où elles y ſont encore aujourd'hui. 2°. Que la plupart de ces couches de coquillages ſont ſouvent couvertes de couches très profondes de terre.

Comment donc ces familles entières de coquillages, ſoit que cela ſoit arrivé pendant que les eaux du lac couvroient notre pays, soit pendant leur écoulement, ont elles pu être couvertes sans être le moins du monde endommagées par des amas considérables de terre, par des collines entieres? Comme ces couches entieres n'ont pu s'entasser de cette maniere les unes sur les autres que par un mouvement violent de l'eau, comment a-t-il pu arriver que ces couches de coquillages n'ayent pas tout de suite été dérangées, emportées ou mêlées avec d'autres especes? J'ai établi ci-dessus, comme une chose certaine, que les courans qui sont au fond de la mer changent continuellement de direction; que tantôt ils amassent des couches considérables de terre & en font des montagnes, & que tantôt ils renversent ces montagnes en transportant la matiere ailleurs pour en faire de nouvelles couches. J'ai aussi fait voir, & cela se comprend aisément, que le déluge a creusé de grandes vallées dont il a emporté la matiere ailleurs pour en faire des montagnes; & cela suffit pour rendre raison des couches de coquillages qui sont si profondes. Cependant il est plus aisé de penser, que ces couches de terre qui couvrent ces coquillages & sont souvent aussi hautes que des montagnes, sont des restes de cette croute enfoncée qui couvroit autrefois l'abyme.

Le grand Leibnitz, & après lui le célébre Jean Gessner, avoient déja adopté ce principe; que dans le déluge la croute de la terre, là où elle n'avoit qu'un appui foible, avoit rompu, & s'étoit enfoncée dans l'abyme qui étoit au dessous, & que depuis, les montagnes avoient élevé leurs têtes hors des gouffres; que l'eau comprimée par la chute de la terre avoit jailli par ondées hors de ces reservoirs, & avoit couvert les montagnes jusqu'à ce qu'enfin elles fussent retournées dans leur abyme, à travers les couches de terre.

Si on reçoit donc pour démontré, & qui en doutera encore? que notre pays a été jadis couvert par un lac.... Qu'il y avoit autrefois dans la terre de grands abymes remplis d'eau qui se sont ouverts dans le déluge, & par là ont beaucoup contribué à cette grande inondation.... Que par ce moyen on peut également bien rendre raison de tout ce que nous voyons dans ce pays ; comme ſont ces couches de coquillages en familles ſéparées, profondement couvertes de terre, & que l'on apperçoit également dans les deux cotés d'une vallée, & en général toutes les autres particularités, que nous remarquons ſur notre ſurface, il eſt auſſi poſſible de croire que notre ancien lac a été un lac ſouterrain qu'un lac découvert.

Nous admirons, en conſéquence, la bonté infinie de notre Créateur, qui d'un lac affreux & inutile, en a fait un pays heureux & fertile ; dont les montagnes, comme tout autant d'excellens remparts, le garantiſſent contre les entrepriſes de ſes ennemis ; dont les ſommets élevés & toujours couverts de neige, purifient l'air, le tempérent, & ſont une ſource continuelle de fertilité ; de ſorte qu'au lieu de poiſſon & de miſerables inſectes, nous avons des montagnes & des vallées qui fourniſſent à nos troupeaux des paturages gras & abondant, & à nous, de riches moiſſons, qui, ſous la protection d'un bon & ſage gouvernement, couronnent l'induſtrie du laboureur. Qu'on ne nous plaigne pas, de ce que dans plusieurs endroits, la nature semble se présenter sous une face effrayante, en nous offrant des montagnes hautes & escarpées ; elles nous sont d'une grande utilité, ces montagnes ; elles augmentent la surface & en même tems la fertilité de notre pays.

FIN.

www.ingramcontent.com/pod-product-compliance
Ingram Content Group UK Ltd.
Pitfield, Milton Keynes, MK11 3LW, UK
UKHW021153260726
13994UKWH00001B/431